U0189582

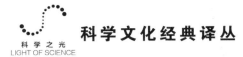

科学文化经典译丛

科学之光
LIGHT OF SCIENCE

新加坡技术与社会

从贸易者到创新者

FROM TRADERS TO INNOVATORS

SCIENCE AND TECHNOLOGY IN SINGAPORE SINCE 1965

［新加坡］吴祖文　著

许有平　李伟彬　译

中国科学技术出版社

·北　京·

图书在版编目（CIP）数据

新加坡技术与社会：从贸易者到创新者 = From
Traders to Innovators：Science and Technology in
Singapore since 1965：英文 /（新加坡）吴祖文著 .
北京：中国科学技术出版社，2025.1. —（科学文化经
典译丛）. — ISBN 978-7-5236-1037-4

Ⅰ. N093.39

中国国家版本馆 CIP 数据核字第 2024J17N80 号

First published in English by ISEAS Publishing under the title: *From Traders to Innovators: Science and Technology in Singapore since 1965* by Goh Chor Boon (Singapore: ISEAS– Yusof Ishak Institute, 2016). Translated with the kind permission of the publisher.
北京市版权局著作权合同登记　图字：01-2024-2109

总　策　划	秦德继
策划编辑	周少敏　李惠兴　郭秋霞
责任编辑	李惠兴　郭秋霞
封面设计	中文天地
正文设计	中文天地
责任校对	张晓莉
责任印制	马宇晨

出　　版	中国科学技术出版社
发　　行	中国科学技术出版社有限公司
地　　址	北京市海淀区中关村南大街 16 号
邮　　编	100081
发行电话	010-62173865
传　　真	010-62173081
网　　址	http://www.cspbooks.com.cn

开　　本	710mm×1000mm　1/16
字　　数	200 千字
印　　张	14.5
版　　次	2025 年 1 月第 1 版
印　　次	2025 年 1 月第 1 次印刷
印　　刷	河北鑫兆源印刷有限公司
书　　号	ISBN 978-7-5236-1037-4 / N·334
定　　价	78.00 元

目　录

引　言

　　近年来，新加坡这个岛屿城市国家因其实施积极的政策受到世界关注。这些政策吸引了众多国际科学研究团体和企业实体来到新加坡，并为新加坡建设成世界级研发中心做出贡献。新加坡政府也一直在努力鼓励年轻人关注"科学和技术"，激励科学和工程专业毕业生在研发领域追求自己的理想，并大力宣传众多技术创新企业的崛起。新加坡的科技政策已从传统的20世纪七八十年代全盘引进西方科学技术转变为通过整体动态创新系统方法促进本土技术发展。新加坡将2.3%的国内生产总值投入研发，其投入比例更接近丹麦和瑞士等以研究而闻名的国家。新加坡的目标是到进一步提高研发支出在国内生产总值中所占的比例，从而使这个岛屿城市国家跻身于以色列、瑞典和日本等几大研究密集型国家之列。

　　新加坡决心将科学技术纳入整体经济战略计划，这在很大程度上受到许多变革的影响。缩小技术差距的愿望也反映了在国家间经济关系动态变化的背景下生存和追赶的共识，其中技术已成为主要的竞争力。新加坡的经济增长现在以创新驱动的产业战略为中心。创新不仅仅局限于新技术的研发，还涉及如何整合和管理业务流程，如何提供服务，如何制定公共政策，如何发展市场，更广泛地讲，社会如何从创造力和创新中受益。同样，在全球知识经济语境中，技术创新被定义为将新知识转化为对社会有价值的产品、流程和服务，这对形成竞争力、长期生产力增长和提高生活质量至关重要。在决定这个城市国家全球竞争地位的主要因素中，制定好的科技政策和建设好技术基础设施被视为重要支柱。它们为本土企业提供了升级、创新和商业化研发的机会。新加坡能否实现从技术模仿到技术创新的成功过渡，还有待观察。有人认为，拥有完善的技术基础设施、一批外国科学家和研究工程师并不能保证成功过渡。也有人认为，研究经费和货币激励是实现卓越技术和自力更生的关键所在。然而，对引进技术的创造性适应和随后转变为本土技术创新，如日本、韩国和中国台湾地区的情况所示，只能在技术变革和转型的历史和文化背景下进行。对新加坡来说，实际情况是它尚未建立起能够满足世界市场需求的本土的、自主研发的技术基础。其主要问题在于缺乏公认的本土技术企业家、研究工程师和科学家。

在解释为什么一些国家和地区，如瑞典、芬兰、瑞士、日本和韩国能够进行本土技术创新并将其商业化，而另一些则不然时，答案似乎在于历史传统、国家的作用以及社会文化动机、态度、利益、心态和行为。日本在第二次世界大战之后，在其技术创造力的推动下成为经济强国。这一点尤其有趣。有人认为，日本人更愿意借鉴西方文化，学习新的做事方式。以新加坡为例，从历史和社会文化的角度来看，本书的主要论点是，新加坡要实现以自主技术工艺生产自己的高科技产品，面临着极大的挑战。

过去作为英国的殖民地，新加坡的作用主要是支持英国在亚洲的贸易和商业活动。科学探索和实验是英国殖民地管理者最不关心的问题。科技文化从未在这块土地上萌芽。相反，新加坡的商业殖民主义成功地将商业、金融、经纪机构和相关技术给了本地企业家。1965 年，当新加坡人民获得完全独立时，李光耀（Lee Kuan Yew）和他的政治同僚们随即哀叹一个新生国家在没有马来西亚经济腹地的情况下生存是多么艰难。他们也没有意图利用这种情况谋取私利，或者借用李光耀的话来说，"通过重新命名街道或建筑，或者把我们的面孔印在邮票或纸币上来使我们不朽"[1]。新加坡从英国殖民主义时期（近150年）继承了世界级的港口基础设施、现代化城市、使用英语的习惯和清正廉洁的公务员制度。它还继承了一种根深蒂固但可行的贸易、服务和居间经济，为新加坡人提供了积累财富的机会。政治先驱开始制定社会和经济政策，以确保一个多种族、多宗教和多语言国家的生存，尽管这些政策在许多外国观察家看来是严苛和专制的。无论是过去还是现在，这个地理位置优越的城市国家都吸引着跨国公司及其技术到这里来建立生产基地。新加坡政府在培育技术文化发展方面面临的制约因素，部分原因在于它为实现政治和社会稳定而采取了有效的社会治理手段。在国家思想意识形态上，追求卓越和对财富积累的孜孜以求是人们努力工作的动力，但它也形成了人们务实、怕输的"Kiasu"精神（闽南方言，意思是"害怕失去"），这进一步抑制了技术创造力和创新性。然而，尽管金融、房地产和服务业为新加坡人积累财富提供了绝佳机会，但近年来有迹象表明，越来越多的新加坡人正转变为技术企业家。

人们对新加坡作为亚洲新兴工业化经济体的"奇迹"增长已经从多个角度进行了分析，但现有的研究中几乎没有一项主要集中在其发展经验的技术层面。本书通过从历史和当代的视角，探讨新加坡技术发展的过程和问题，填补新加坡经济史研究中的这一空白。尽管经济因素很重要，但本书试图在新加坡历史和社会文化取向的背景下阐释技术变革。之所以强调这一点，有两个原因。首先，当今的发达国家和发展中国家通常根据其技术发展水平进行排名。然而，这种狭隘的观点忽视了各国之间重大的历史、社会和文化差异。在研究技术与发展之间的关系时，必须考虑到这些因素。其次，新加坡的经济历史常常局限于经济学家的视角。基于此，本书试图从技术变革与本国历史和社会文化制度及实践之间关系进行研究，从技术角度阐述新加坡的经济发展将令人耳目一新。

本书希望为日益增长的关于城市国家在卓越科学技术和创造力方面的政策研究贡献一份力量。一个由贸易主导的国家能否转变为一个由科技创新主导的国家？一个以经纪文化传世的经济体能否转变为一个依靠科技创造力蓬勃发展的经济体？如何吸引新加坡年轻人从事研究性工作？诚然，这些都是比较宏观的问题，要预测新加坡发展研发能力的积极战略的前景并非易事。本书通过追溯科学技术的发展，强调历史和社会文化因素的重要性，旨在为这个城市国家如何摆脱传统的转口贸易形象，走上科技创新之路提供有益的见解。

本书并不打算对新加坡现有或新的科学技术主要来源进行任何宏观的解释。关于科学和技术主题的具体参考文献很少，这里的资料来源主要来自各种官方报告、作者的个人采访、《海峡时报》（*Straits Times*）等纸质媒体报道的公众对科学和技术的看法，以及自 1950 年以来，从"科学、技术和社会"的角度，围绕关于科学和技术在新加坡发展中的作用的少量二手文献。本书的写作基于我的博士论文《国家和社会在新加坡科学技术发展中的作用：历史和社会文化视角》（1995），主要包含 1994 年 3 月和 4 月对 20 名科学家、发明家和研发经理进行的个人访谈。此外，还对 347 名工科本科生和 56 名专业工程师进行了问卷调查。尽管实地调查时间有点久远，但有趣的是，许多 20 世纪 90 年代中期发表的评论在 20 年后仍然非常有效，尤其是与新世纪初以来科学家和企业家在媒体上发表的评论以及作者最近进行的访谈相互印证时。

第一章阐述了技术变革和发展过程的理论建构，讨论了"追赶"和"技术跨越""创意创新"等相关问题，以及国家和社会在推动技术变革中的作用。本章考察了从 20 世纪七八十年代到现在不断变化的发展范式，这有助于解释发展中国家是如何试图实现技术超越的。当今发展中国家面临的最紧迫的问题之一是它们与工业化经济体之间的技术差距不断扩大。追赶的一种方式是跳过现有技术发展中的预标准化阶段甚至更基础的探索阶段，当其商业潜力基本未经验证时，发展一种新技术。这种战略的最终目标是实现技术的自主研发。对新加坡来说，在这种追赶和技术学习过程中，各种参与者发挥着关键作用，如跨国企业、规划和推出科学技术政策和举措的政府机构、研究机构和高等院校。

第二章介绍了 20 世纪 50 年代至 70 年代塑造这个年轻国家工业化政策的历史力量。自 20 世纪 50 年代以来，东南亚亲资本主义的独立国家普遍认为工业化是生存和经济增长的关键。但完成这项任务并不容易，长期的殖民主义产生了不平衡的经济结构，使不断崛起的本土资本主义阶层只能从事转口贸易活动，并限制在小规模的制造和加工领域。就新加坡而言，到 20 世纪 50 年代末，它仍然主要是一个转运港口，其国内生产总值的 70% 来自转口贸易活动。这个国家的工业规模小，基础薄弱。船舶制造和维修是其主导产业，主要掌握在新加坡港务局和英国海军基地等政府和公共机构手中。当新加坡于 1965 年 8 月独立时，新当选的领导人采取了"追赶"的政策，强调把出口导向工业化（EOI）作为其在 20 世纪 60 年代和 70 年代的增长模式。认识到长期的殖民主义所产生的贸易共同体，政府采取了开放政策，并希望跨国企业向当地企业转让高水平的技术和管理技能。

虽然出口导向工业化战略涉及科学技术的发展，但第三章提出，新加坡的工业发展与人才技术能力发展之间不相适应，缩小技术差距并非易事。第三章研究了政府在 20 世纪 80 年代"技术创新"的尝试，旨在帮助这个城市国家完成其"第二次工业革命"。到 20 世纪 80 年代，新加坡已经成了"新兴工业化经济体"。新加坡的经济增长据称是以创新驱动的工业战略为中心来拉动的。这主要是通过吸引外国技术（并延续 20 世纪 70 年代对跨国企业优惠政策）来实现的。通过这些措施，新加坡期望能获得一定程度的技术吸收和适应能力。但这种通过跨国企业的支持实现技术跨越的模式有其局限性。从 20 世纪 60 年代到 80 年代，采取措施来解决与培训和发展科技人力基础有关的问题，以支持国家实现技术卓越的目标。然而，到了 20 世纪 90 年代，经济规划者明显意识到采纳和融合外国技术对于实现可持续增长路径至关重要。同时，迫切需要培育国家的本土技术。鉴于这种情况，新加坡制定了国家科技政策蓝图。

第四章讨论了研发工作在实现国家目标方面的作用，以及政府为建设技术基础设施所采取的举措。与开发性工作不同，在非常注重实用的科技政策中，纯粹的科学研究不能有过高的地位。当时的普遍共识是采取将产品开发与利润和市场能力挂钩的策略。很明显，在研究和开发程式中，新加坡研发战略家的现实目标主要关注的是"开发"而不是"研究"。

第五章阐述了政府是如何采取措施以培养公民，特别是年轻人科学素养的。在 20 世纪 80 年代初试图制定和实施国家科学政策之初，基础研究并不是一个优先事项。在这个相对狭窄的研究框架内，新加坡科学界面临着各种问题。然而，如果认为政府没有意识到这些问题，那就错了。从 20 世纪 80 年代到现在，新加坡一直欢迎知名科学家的到访，并重视他们提出的如何建立一个适合基础科学研究氛围的建议。今天，新加坡政府为基础研究配置了大量的资源。但是，慷慨地提供资金和支持研究的政策并不一定意味着人们现在可能更愿意思考科学和参与研发，我们必须对文化属性和思维方式加以考虑。

亚洲新兴工业化经济体（NIES）令人印象深刻的经济表现不仅受到了经济学家的关注，也引起了越来越多的社会科学家的兴趣。这些学者在不完全拒绝经济解释的同时，试图将亚洲新兴工业化经济体的宏观经济活力与这些国家社会制度中固有的文化因素联系起来。

第六章研究了新加坡科技发展的文化背景。从根本上说，它必须回答一个问题：新加坡的文化体系是促进还是阻碍了技术创新？一个合理的论点是，在这个由政府在意识形态上不断强调生存、追赶和卓越的高度规范化的社会中，新加坡社会的主导信念和行为规范是这样的：需要付出很大努力才能说服新加坡人投身于科学技术研究，并使社会培育出一个自由、非传统和硅谷式的文化氛围。

尽管如此，到了 21 世纪，新加坡成功地树立起一个高科技城市国家的形象，拥有先进的信息技术基础设施、规划合理的科技园区和技术"走廊"、尖端的研究机构和国际跨国企业，这些企业本身就是各自领域的技术领导者。新加坡人在城市改造、公共住房、工业、科技园区和交通网络等基础设施建设的规划、开发和管理方面展示了他们的创造力和卓越才能。当然，在金融、贸易和采购服务方面，新加坡人也表现出了很大的智慧和创造力。更重要的是，近年来，越来越多的新加坡人正在成为技术企业家。但是，要维持这种技术氛围，必须有更多的重大创新突破的成功案例，让新加坡在研发领域中占有一席之地。事实上，新加坡人正在开发实用的创新技术项目。这些发展将在第七章中介绍。

尽管新的技术公司不断涌现，但传统产业仍有较大的吸引力。因新加坡地理位置优势，其作为国际商业交易和经纪枢纽的历史作用产生的影响仍然无处不在，为积累个人财富提供了机会。

随着传统社会的现代化，新加坡社会也经历着变革，包括文化模式的破旧立新。然而，一个社会中人们的信仰、价值观、个性特点或行为对变化也有很强的韧性。正如结语所言，尽管政府有意将这个城市国家转变为一个研发中心，但新加坡在很大程度上仍然是一个贸易和商业枢纽。在殖民时代萌芽和培育的传统服务经纪文化仍然是这个城市国家财富积累的驱动力，尤其在政府支持跨国企业的政策导致本地企业家在参与先进制造业方面缺乏指导或激励的那些年，所以他们继续巩固在商业、金融和投机性业务等第三产业的地位。同时，政府利用岛国的关键地理位置，采取措施加强新加坡作为亚洲和世界大范围内货币和经纪活动中心的传统角色。此外，其作为跨国海外华人商业网络中心的历史作用有力地促进了贸易。岛国的优越地理位置、良好的电信基础设施和非常稳定的政治环境，促使许多大型华人商业家族企业将新加坡作为他们的基地之一，并在那里开展盈利的商业和金融活动。

最后，本书重申，新加坡政府面临的一个最具挑战性的任务是发展壮大自主创新的科学技术。有些需要克服的障碍，其一是需要塑造新加坡年轻人创造性思维方式并培养他们从事研发工作的能力。其二是缺乏足够数量的具有相应研究生学历的本地研发人员。此外，强大的服务经纪文化的历史延续性，以及它的"买办思维方式"，造就了一大批富有的新加坡人。这个国家似乎很难出现一个像比尔·盖茨那样的人或者一个像韩国三星那样的企业，所以很有可能继续依赖外国供应商提供新技术、科学知识和技能。很明显，对政府来说，技术和科学创新的文化氛围不可能在一夜之间形成。但重要的是，政府已经开始行动了，而且是一个强有力的行动。

第一章

从依附理论到创意创新

在 20 世纪 70 年代和 80 年代，由于日本战后的惊人崛起和紧随其后的中国香港地区、中国台湾地区、新加坡和韩国的迅速发展，有关技术进步的观念发生了重大变化。特别是韩国和中国台湾地区，它们不仅有效地管理外来技术，还夯实了充满活力的本土基础，实现经济增长。因此，对于亚洲新兴工业化经济体来说，科学技术已经成为经济发展的重要催化剂。越来越多的人试图在技术维度来解释快速增长经济体的成功之道。在这种尝试中，我们可以看到技术变革和经济发展关系的宏观理论框架是两个不断变化的范式——从依附理论和技术依赖到追赶和技术跨越的理论，以及如何通过国家和社会的作用加以实现。

依附理论和后工业化

简单地说，依附理论认为发展中国家（边缘国家）的增长和发展受到对先进的工业化国家（中心国家）的结构性依赖的制约，尽管这种制约的程度不尽相同。该理论在 20 世纪 70 年代因冈德·弗兰克（Gunder Franck）和萨米尔·阿明（Samir Amin）的悲观观点而流行，他们都声称由于工业化国家采取掠夺前者资源的模式发展，边缘国家即所谓的第三世界国家的发展是不可能的。[1] 在后来的著作中，面对新兴工业化经济体的出现，弗兰克认为，这些国家流行的出口导向型增长战略并没有造就真正的发展，因为它在很大程度上也依赖于国际资本和外国技术的流动[2]。在 20 世纪 90 年代初，当世界经济竞争日益激烈、全球化愈演愈烈、经济发展越来越受制于信息和通信技术时，巴西政治经济学家费尔南多·卡多索（Fernando Cardoso）重申了许多贫穷和发展中国家的依附论立场。但现在他们面临着"一个更残酷的现象：要么发展中国家（或其中一部分）参与民主—技术—科学的竞赛，大量投资于研究和开发，经受信息经济的蜕变，要么就变得无足轻重，无人问津"。[3] 卡多索还认为，即使对于那些已经成功融入全球经济的前第三世界国家，如亚洲的新兴工业化经济体、印度、中国和智利，也迫切需要在社会层面引入变革。这些变革包括适当的产业政策，提升人力资源和使大众融入当代文化的教育政策，能够在信息技术、新材料、新组织模式和技术创新方面产生技术飞跃的科技政策。[4] 历史学家内森·罗森伯格（Nathan Rosenberg）对技术依附问题也持有类似观点。他认为，由于缺乏有组织的国内资本产品部门，发展中国家一般不具备资本节约型创新的本土能力。[5] 因此，他们不得不进口资本产品，但这是以制约发展自己的技能、知识和基础设施等技术基础为代价的，而这些要素是经济发展的关键因素。

到 20 世纪 70 年代末，依附观点被人们广为诟病，这主要是因为一些东亚国家和地区经历了"后工业化"。韩国和新加坡的快速增长证实，成功的资本积累和本土技术创新与研发的发展在"边缘地区"是可能的。更重要的是，国家在促进工业化和技术变革方面的积极作用使依附理论的结构决定论的根本缺陷暴露无遗。随后，"后工业化"概念的研究从对技术转让的成本和效益转向这些国家适应和掌握进口技术的方式。在这个过程中，对发展中国家技术进步和经济发展之间关系的理论思考转向解释为什么一些国家，能够在技术上实现追赶和跨越，而其他许多国家仍在努力实现工业和经济发展。

日本经济在第二次世界大战后的快速增长，以及随后亚洲新兴工业化经济体的崛起，引发了大量的文献来解释它们的增长经验。大多数作者希望回答两个基本问题：赶超过程是否有一个明确的模式或清晰的模型？鉴于日本的经济成功，新兴经济体可以从日本的经验中学到什么？一些观察家将亚洲新兴经济体的工业化的成就归功于日本。这种观点体现在所谓的东亚发展的"雁阵模式"（"flying geese model"）中。[6] 从本质上讲，这种模式认为，日本是一个经济和技术跨越的成功典范，为亚洲新兴经济体的增长提供了动力。反过来，泰国、越南、印度尼西亚和马来西亚等第二梯队新兴经济体也在学习韩国和新加坡的增长经验并从中受益。1985 年后日元升值迫使日本对外投资，尤其是技术转让方面的投资转向了亚洲新兴工业经济体，使"雁阵"理论风光一时。该模式的支持者认为，韩国和新加坡的出口成就在很大程度上归功于在其经济中运营的日本制造业子公司。例如，新加坡受益于日本企业提供的技术援助，到 20 世纪 90 年代初，它获得的日本投资达到了 75 亿美元。一些学者还指出，作为日本帝国的前殖民地，韩国第二次世界大战后以日本财阀为蓝本，建成被称为经连会（keiretsu）的经济强大的财阀。然而，批评者认为，韩国和中国台湾地区的后工业化模式与最初的日本"雁阵"模式截然不同[7]。在马来西亚和泰国等国家，以出口为导向的制造业在很大程度上依赖于新技术的外国供应商。日本的投资并不是东南亚生产区域化数量变化的主要原因。来自美国以及越来越多的中国台湾地区和韩国的外国直接投资的巨大增长，在推动包括新加坡在内的东南亚国家和地区的快速技术变革过程中发挥了同样重要的作用。

技术飞跃

工业化国家的快速技术进步给发展中国家带来压力，迫使他们缩小技术差距。许多观察家认为，最有希望的追赶是，在开发新技术时跨越现有的技术水平，即便该技术仍处于基本的探索阶段，其商业潜力尚未得到充分检验。这种战略旨在实现技术的自力更生或独立自主。然而，要取得成功，一个国家需要一批研究型科学家和工程师以及完善的技术政策和良好的基础设施。

摩西斯·亚伯拉罕维茨（Moses Abramovitz）用"社会能力"（social capability）一词来解释为什么一些后发者能够后来居上，甚至超越早期的领先者，而许多国家却仍然落后。[8]亚伯拉罕维茨将"社会能力"与一个国家的制度和组织特色联系起来，这些特色促进或阻碍其成功利用最佳实践技术，提高技术能力水平，促进知识的传播，提高资源的流动性和投资回报率的能力。[9]亚伯拉罕维茨利用安格斯·麦迪逊（Angus Maddison）对 1870 年至 1979 年 16 个工业化国家的劳动生产率水平和增长的历史时间序列进行了新汇编，认为"如果技术落后的国家社会能力足够强大，并且可以利用技术领先者已经采用的技术，他们有可能比先进的国家实现更迅速的增长"。[10]伯恩哈德·海特格（Bernhard Heitger）阐述了亚洲新兴工业化经济体的社会能力和技术跨越的相互作用。[11]在所有这些经济体中，引进外国技术在他们试图缩小技术差距中发挥了战略性作用。这个过程得到了优越的社会经济条件的支持。尽管存在差异，通过提高教育水平和质量来增加人力资本的形成，并确保高度的经济开放，是所有这些经济体共同的首要任务。[12]在关于追赶和技术跨越的研究中，如海特格的研究，隐含着国家和社会在促进或抑制创新技术文化发展中的作用，从长远来看，这可能决定了发展本土和自主研发技术基础的成败。

林武志（Takeshi Hayashi）对日本技术发展的研究阐述了技术跨越战略的概念。[13]林武志和他的114名研究人员主要利用日本在120年间（自明治时代以来）适应和推广引进工业技术的历史分析和案例研究，提供了解释日本实现技术自主研发的概念模型。这个模型包括"五个因素"，即原材料或资源、机械、人力、新机械的管理和市场。它们被纳入技术发展的五个阶段，从初始阶段开始，依次为操作技术获取、新机器设备的维护、引进技术的改良、设计和规划，最后是国内制造。虽然不同的国家"五个因素"的作用不尽相同，但林武志和他的研究人员坚持认为，为了使现代技术与技术发展的五个阶段有效结合，所有的组成部分缺一不可。日本的经验表明，在一个国家能够发展技术自主研发之前，必须经过所有这些阶段。然而，林武志澄清了与该模型有关的两个相关重要观念。首先，"虽然它在日本是成功的，但并不意味着在其他地方也能成功，尤其是在那些技术管理系统主要基于实用主义，工人和工程师跳槽十分常见的国家"；其次，"没有所谓的技术飞跃"，因为技术变革是渐进的，而不是突变的[14]。对于有志于缩小技术差距并在这个过程中实现某种形式的技术自主的发展中国家，林武志的研究强调了两个重要前提。首先，本土工程师和技术专家必须在决策和研发中发挥关键作用；其次，需要人们特别是工程师和创造性企业家，对技术和发展有积极的文化态度和看法。作为后发者的战后日本，通过适应和投入大量由英国和美国等技术领导先驱创新的技术，迅速赶上了工业化的西方国家。

20世纪90年代，在阐释日本和亚洲新兴工业化经济体成功的文献中，非经济学家的著作颇丰，他们希望通过对社会文化影响的解读来揭开谜底。他们的观点是，文化对社会的创新能力有着深远的影响。一个社会的文化信仰、态度和价值观为技术变革提供了方向。它们可能促进或阻碍技术发展。像戴鸿超（Tai Hung-chao）和森岛通夫（Michio Morishima）这样的儒家学者提出了一种强调"文化集体主义"的"东方模式"，这种模式也使日本和亚洲新兴工业化经济体成功实现后工业化。[15]还有一位值得注意的作者是傅高义（Ezra Vogel）。他指出"工业新儒家主义"是一种强大的推动力。[16]"工业新儒家主义"指的是一个儒家传统，由四个与工业社会需求相适应的制度集群和传统文化组成。它们分别是精英选拔制度、入学考试制度、社会群体的重要性和自我提升的目标。[17]官僚制度在工业化进程中发挥了关键作用，社会中一些最能干的人被招入公务员队伍，并授予了重大职责。他们开始相信，政府需要鼓励私营企业繁荣发展，并取得他们的支持，同时保持对国家的整体控制。因此，在新加坡，即使"对商人的旧有的道德鄙视态度或许依然强烈，但它给予跨国企业相当大的自主权，也期望政府资助的企业能像利润最大化的私营企业一样行事。"[18]

文化史学家泰莎–莫里斯·铃木（以下简称铃木）（Tessa-Morris Suzuki）进一步解释了后发者的技术追赶。她关于日本从17世纪开始的技术转型的开创性著作为该国在技术追赶方面的成功提供了另一种解释。尽管制度支持、政府政策和管理技术很重要，铃木认为最重要的因素是她所说的"社会网络的创新"，即"连接日本社会研究和生产中心的通信网络"。[19]这些网络是大企业和研究实验室开发的最新技术信息传播到小型生产企业和边缘社区的渠道。明治时期的地方政府通过工艺和技术展览、向城镇和乡村派遣指导员以及开办研究型图书馆来促进技术的传播。[20]这种社会网络最重要的时期莫过于被称为"日本经济奇迹"的20世纪50年代到70年代。铃木写道："容易获得外国技术和国家的大力干预，为迅速引进新技术创造了有利的环境，但如果没有一个现有的机构系统，使新思想能够在企业之间随时传播，并在工厂和办公室里投入使用，这些因素都不会产生如此巨大的成效。在这种情况下，重要的不是国家作为技术变革的财政激励来源的作用，而是它在网络中建立节点的作用，通过这些节点，新技术的知识可以流向工业系统的许多领域。"[21]那么，关键的问题是：日本的社会网络创新是否是独一无二的？是唯一的日本模式吗？如果不是，它是否可以在其他后发者的战略中得到复制以缩小技术差距？铃木似乎相信，"对于其他新兴工业化经济体来说，不能照搬日本模式"。[22]

对于像韩国和中国台湾地区这样的工业化后发者来说，在技术转让的同化适应阶段（广义上指 20 世纪 70 年代到 90 年代），本土的特别是在车间内的工程师和技术人员有机会学习和了解机械设备和精密仪器的操作，更重要的是，有机会进行模仿或逆向工程。逆向工程指通过分析最终产品重新创建设计过程，它在硬件和软件领域都很常见。在这个过程中，不仅是新技术，还有程序、流程和（竞争对手的）策略，都可以被企业开发出来并适应国内的需要。这种知识和技能的积累对本土技术能力的增长至关重要。史蒂芬·施纳斯（Steven Schnaars）认为，"模仿不仅比创新更丰富，实际上它是一条更为普遍的实现业务增长和利润的途径"。[23]他提出："创造性的适应是最具创新性的复制，企业利用现有产品，要么改进它，要么调整它以适应新的竞争领域。"[24]金仁秀根据韩国动态技术转型的记录进一步阐述了施纳斯的分析框架，他强调建立本土技术能力在该国技术产品和流程从模仿到创新的成功转变中的重要性。[25]

韩国及其企业是如何实现如此惊人的技术学习进步的？哪些主要因素促使了他们的快速技术增长？金仁秀强调了影响韩国工业技术学习方向和速度的几个关键因素：政府的作用、财阀、教育、出口政策、技术转移战略、研发政策、社会文化系统和私营企业战略。[26]在他对现代汽车作为追赶过程中一个成功的"从模仿到创新"的案例研究中，金仁秀强调了"危机建构"在实现技术吸收能力独立自主方面的重要性。[27]"危机建构"指组织内的员工（在本案例指现代汽车企业）必须在关键场景中合作解决问题，而这种场景往往是由管理层主动发起的。其目的是考验工人，以实现更高的绩效目标。因此，危机构建更具有创造性而不是破坏性。通过这样做，增强了工人对创新变革的适应能力。现代汽车利用危机构建，将其学习从复制模仿转变为更多的创造性模仿，最后转变为创新。[28]根据金仁秀的说法，韩国成功实现技术跨越的主要战略是在研发和工程阶段的逆向研究。从积极利用逆向工程吸收外国技术的年代（20 世纪 60 年代和 70 年代）开始，新的、改进的产品和工艺被创造出来并商业化，最后为尖端领域开发投入了大量的研究工作。[29] 韩国逆向产品生命周期的创新方法，使本国的财阀从劣质技术产品的制造商跃升为通过尖端研发卓越技术产品的生产商。

国家在技术变革中的作用

对东亚"发展型国家"实现快速工业化和技术发展的解释，无一例外地指出国家在创造条件利用新技术机会方面的核心作用。20 世纪 80 年代初，罗伊·霍夫海因茨（Roy Hofheinz）和肯特·卡尔德（Kent Calder）试图对东亚迅速增长的经济、政治、历史和文化因素的复杂关系进行系统分析。[30] 在权衡了各种因素后，他们得出结论，亚洲新兴工业化经济体的经济成功要归因于其政治经济制度，这些制度似乎比西方国家的制度更适合竞争，而且存在一种"东亚发展模式"[31]。这一模式的重要组成部分包括：①统治精英或政党的连续性带来的稳定政治氛围；②强调高度尊重等级制度和秩序的儒家政治文化；③殖民主义遗产；④对教育的大量投入；⑤出口导向型工业政策。强调国家重要性的还有查尔默斯·约翰逊（Chalmers Johnson）。在他分析日本、韩国政治体制与经济表现之间的联系时强调，虽然自由放任型的政治控制使某些地区获得了经济财富，但韩国和新加坡高度干预和普遍的"软性威权主义"（soft authoritarianism）风格也能实现经济腾飞。[32]

尽管国家在东亚发展过程中的作用已经受到关注，但如何解释国家结构、自治和权力在国内阶级和精英这种关系的维持呢？台湾大学社会系教授萧新煌（Hsiao Hsin-Huang）将和谐的国家与社会关系归结为两个因素。第一，韩国和新加坡在第二次世界大战前有着共同的被殖民历史，殖民遗产对独立后的国家结构产生了持久影响。萧仁秀认为，"从前殖民国家（日本和英国）继承下来的'过度发达'的国家政府机构，是为了控制原住民而创建的，这可能是导致民众服从国家统治的遗产"。[33]第二，长期以来，东亚的传统使人们在社会上尊重"权威"，在现代社会中，这种权威由国家政府机构代表。威权政府确实维持了社会秩序，并提供了有利于发展的政策，有助于强化人们接受这一秩序的意愿。萧仁秀进一步补充道，东亚国家有一个总体的、共同的情感，即现代社会中的"国家生存"观念。为了应对来自西方的挑战，该地区的人们对他们的国家生存具有极大的紧迫感，"这种态度也可能对推动人们在国家意识形态下更加努力地朝着国家强大和富裕的目标前进产生一些直接或间接的影响"。[34]这种"国家生存"的意识形态在日本并不少见。已故的索尼公司创始人盛田昭夫认为，日本对生存的执着触发了对持续开发使生活更加方便的技术小工具的需求。[35]因此，在东亚国家和地区采用的政治制度和人民接受的大背景下，国家能够引入政策和战略来促进技术变革。

已故的美国经济学家爱丽丝·阿姆斯登（Alice Amsden）在她关于"国家在亚洲技术发展中的作用"的一项开创性研究中，对韩国工业化进行了解读。她认为，韩国技术转型的背后是国家规划和鼓励学习和适应外国技术的能力。[36]阿姆斯登提出，在韩国的高速经济发展中，"制度"而非"市场"因素在起作用。增长引擎是以大企业集团——一个主要由工程师和经理人推动的韩国现代企业集团为代表。由于韩国自 20 世纪 60 年代以来对科技教育的大量投资，从 1960—1980 年，该国工业领域的工程师人数增加了 10 倍，管理人员的人数增加了 2 倍。[37]在她后来的著作《"其他国家"的崛起：后工业化经济体对西方的挑战》（*The Rise of 'The Rest': Challenges to the West from Late-Industrializing Economies*）中，阿姆斯登研究了韩国和中国台湾地区等亚洲经济体推动工业化以实现增长的方式。[38]

相比之下，阿姆斯登注意到，一些拉丁美洲国家接受了更多的海外投资，将更多的经济决策权交给了跨国企业而非国家管理者。在 20 世纪 90 年代，全球技术新发明总部从东京转移到首尔。事实上，韩国人自己也对国家对技术的迷恋表示担忧。金明玉（Myung Oak Kim）和山姆·贾费（Sam Jaffe）称韩国为"技术天堂"。[39] 到 21 世纪初，"硅谷和其他技术中心开始注意到韩国在数字世界中的地位。该国成为最受欢迎的新技术和产品的试验场"。[40] 同样，韩国政府发挥了关键作用，它的《数字时代的人本主义：IT839 战略》立足于这样一个信念：信息技术将给经济和社会模式带来根本性的变化，最终目的是通过形成开发新服务、基础设施和增长引擎的虚拟循环来实现一个无所不在的世界。

技术创造和创新

到 20 世纪 90 年代，发展中国家与亚洲新兴工业经济体开始出现关于技术变革和技术创新的新思维和新方法。特别是在新世纪，有关科学、技术和经济发展的文献中，"创意和技术创意""创新和技术创新"以及"创意创新"是密不可分的流行语。技术创新通常是指向市场推出技术上新颖的或明显改进的产品（商品或服务），或在一个机构内实施新技术或明显改进的流程。创新是基于新技术发展的结果，是对现有技术的重新整合，或利用企业从内部或外包的研发活动中获得的其他知识。然而，技术的开发和使用并不是创新的全部内容。商业机构还可以通过以下方式提高竞争力和经营业绩：对机构实施新的或重大改革、工作场所管理和营销战略。组织创新被认为是在商业机构的业务实践、工作场所组织或外部关系中所实施一种新的组织方法。

哈佛商学院终身教授迈克尔·波特（Michael Porter）在其"关于国家竞争优势"的开创性研究中阐明，一个国家要发展其竞争优势，重要的是该国本土企业能够在特定行业或领域中与世界最强竞争对手抗衡，创造和保持竞争优势。[41]波特认为，创新是创造和保持竞争优势的核心。这主要是通过技术改进、更佳的操作方法，以及产品或流程的改进这三种途径来实现的。当一个国家的本土环境最具活力和挑战性，能够刺激企业随着时间推移升级和扩大他们的优势，并且当老板、经理和员工目标一致，坚决支持创新时，企业就会获得竞争优势。在阐释西方崛起和富国与穷国之间差异时，美国经济史学家乔尔·莫基尔（Joel Mokyr）在其关于"历代技术创造力"的书中指出了一个社会被视为拥有技术创造力的条件。这些条件包括：有一批独具匠心、足智多谋的创新者，他们愿意并能够挑战环境以实现自身的提高；经济和社会机构以正确的激励方式、多样性和包容性的态度来鼓励潜在的创新者。[42]然而，他告诫说，在人类历史上的不同时期和地区，技术创造力都有过大起大落的现象。它高度依赖社会和经济环境及相关机构。莫基尔用植物作比喻，认为"技术进步就像一种脆弱的、易受伤害的植物，它的旺盛不仅取决于适当的环境和气候，而且生命周期短暂。它对社会和经济环境高度敏感，很容易停滞不前"[43]。中世纪的伊斯兰世界和古代中国在成为从数学到机械发明等领域的领先者之后，经历了科学和技术创造力的惊人衰退。由多种社会、经济和政治因素形成的有利的社会环境，对发明和创新以及高水平的技术创造力发展至关重要。显然，对于企业的创新，政府作用至关重要，为创造一个支持创新的环境而进行的体制改革也很关键。

21世纪对创新的概念性思考转向更广泛、更有活力的技术战略，该战略不仅仅依赖对西方技术的引进和吸收，还需要共同努力发展本土产品和工艺的创意创新能力。[44]"国家创新体系"的概念也备受关注。一个国家的创新发展是企业、大学、科研院所等多种机构融合的结果。技术创新产品和工艺的成功取决于这些机构之间的密切联系，以及政府在召集并促进信任与合作方面所发挥的作用。一个国家的创新体系的实力是由其社会文化特质决定的。与对创新政策感兴趣的公共政策制定者特别相关的是亨利·埃茨科维兹（Henry Etzkowitz）的著作。埃茨科维兹强调了大学、产业、政府三方的密切合作在促进国家创新体系中推动创新活动的重要性，他称之为"三螺旋"模式（the triple helix）。[45]以技术转让办公室、科研院所、科技园区和风险投资公司等组织为代表的3个机构领域的三重螺旋互动是创新成功商业化的必要条件，也是经济增长的重要条件。这种整合非常重要，因为"知识的增加并不容易转化为经济生产力"，并且必须弥合研究和开发之间的差距，即所谓的"死亡之谷"（valley of death）。[46]埃茨科维兹的"三螺旋"方法作为一种模式，被新加坡的两所主要研究型大学——新加坡国立大学（NUS）和南洋理工大学（NTU）积极采纳。在早期阶段，首先创建了一种创新或技术转让中心形式的单螺旋大学发展模式，以协助那些希望将其创意商业化的教职员工。当大学积极与产业伙伴建立联系时，这就演变成了双螺旋的"大学—产业"共生关系；自20世纪90年代末以来，大力鼓励教师和学生通过创业将创新产品和工艺商业化。目前，政府资助机构正在通过其号召力，提供公共风险投资和引导公私研究合作来激发三螺旋的互动。特别是新加坡国立大学已经开始实施重大战略转型，以期成为一所"创业型"大学。它把生物医学部作为技术商业化的关键重点。[47]

在美国经济学家达龙·阿西莫格鲁（Daron Acemoglu）和政治学家詹姆斯·罗宾逊（James Robinson）看来，创新也被视为经济增长的关键，而包容性经济体制则是创新的关键。[48]包容性经济体制保护私有财产，鼓励创业，并在长期内实现可持续增长。"由鼓励私有财产、契约精神、营造公平竞争环境、鼓励和允许高新企业进入的经济体制来实现整个创新的过程。因此，毫不奇怪，是美国产生了托马斯·爱迪生（Thomas Edison），而不是墨西哥或秘鲁；是韩国产生了三星和现代等技术创新型企业，而不是朝鲜。"[49]反过来说，榨取性政治制度抑制创新，从而加剧落后和贫困。总之，阿西莫格鲁和罗宾逊理论认为，当今世界各国的权力、繁荣和贫困的根源在于榨取性政治制度的存在："榨取性政治制度产生的增长与包容性机构下创造的增长在本质上是截然不同的。就其本质而言，榨取性政治制度不会助长创造性破坏（creative destruction），充其量只能带来有限的技术进步。因此，它们所产生的增长只能持续一段时间。"[50]榨取性政治制度为统治精英服务，它们的持续存在是造成国家——特别是欧洲列强的前殖民地在历史上贫困的原因，使其今天仍处于贫穷状态。阿西莫格鲁和罗宾逊用美国与墨西哥交界的南北诺加莱斯（Nogales）的发展差异作为例子，否定了地理因素（包括环境和自然资源储量）在经济发展中的作用。[51]他们也不认为文化假说（cultural hypothesis）对国家财富差异具有强大的阐释力："当然，美国和拉丁美洲在信仰、文化态度和价值观方面存在差异……这些差异是两地不同制度和体制历史的结果。"[52]

然而，阿西莫格鲁和罗宾逊承认，增长也可以在一套榨取性政治制度中实现。精英们可以将资源重新分配到他们所控制的临时性高产活动（例如，从农业转向工业）。但问题是，这种增长从长远来看是不可持续的。当经济失去动力时，快速增长也会戛然而止，国家首先将面临经济危机，最终导致政治危机。至于国家如何随着时间的推移而演变，它们是发展榨取性政治制度还是包容性制度，将取决于阿西莫格鲁和罗宾逊所说的历史的关键时刻（the critical junctures），即利用最初微小的制度差异，导致国家发展道路的分歧。[53]用他们自己的话说，"历史是关键，因为正是历史进程通过制度漂移，造成了可能在关键时刻产生严重后果的差异。关键时刻本身就是历史的转折点"。[54]在阿西莫格鲁和罗宾逊看来，政治包容性和社会内部的政治权力分配是决定国家成败的关键因素。然而，杰弗里·萨克斯（Jeffrey Sachs）认为，这种单一因果关系的论点过于简单，忽略了其他包括地理、技术和文化在内的一系列关键因素。[55]地理因素是造成撒哈拉以南非洲国家普遍贫困的一个合理解释。该地区在 20 世纪之前人口密度低，疾病高发，缺乏可供运输的河道，降水稀少，煤炭短缺，无法利用蒸汽船时代的优势。[56]然而，就博茨瓦纳这个沙漠国家而言，拥有被许多人视为世界上最富有的钻石矿的吉瓦嫩（Jwaneng）矿场，并且是非洲人均收入最高的地区之一。在萨克斯看来，阿西莫格鲁和罗宾逊的《国家为什么会失败》（*Why Nations Fail*）一书的主要缺陷是，他们的理论"不能准确解释为什么某些国家经历了增长，而其他国家却没有，也不能准确地预测哪些经济会在未来扩张，哪些会停滞"。[57]总之，当今国家的经济增长和发展受到多种因素的动态相互作用，这些因素促进或阻碍了造福整个社会的包容性增长。

对技术变革感兴趣的经济学家也对发明和创新进行了区分。约瑟夫·熊彼特（Joseph Schumpeter）是一位对创新研究做出巨大贡献的经济学家，他指出，发明并不意味着创新，企业必须不断地从内部进行经济结构革新，用更优或更有效的流程和产品进行创新。[58]他断言，正是创新为资本主义提供了其活力要素。[59]然而，发明和创新之间的联系是相辅相成的。创新和发明的区别在于，发明是从新想法中创造新事物，而创新则是引入新概念来改进现有概念。20世纪70年代，学者们正在推翻"尤里卡"发明学派（the "Eureka" school of invention）。学者们现在强调发明的演进性和协作性，以及失败和不成功的开端的重要性。[60]创新意味着将一个想法付诸实践。这个实践可能是商业性的，那么成功需要被市场认可。在这种情况下，发明可以获得专利，而不是公众用来改进现有想法的创新。发明涉及特定产品，而创新旨在寻求更好的方案解决更广泛的问题。

创新必须与研究齐头并进吗？人们普遍认为科学研究总是先于创新。尽管有成功的企业是由研究人员转变的企业家所创办，但这种观念已不再适用。[61]技术创新的历史表明，许多突破性的创新都是由那些不具备运用科学知识来解释事物原理的创造者开发的。[62]蒸汽机在热力学理论被发现之前就已经运转良好了。波特诺夫（Portnoff）认为，许多激进的创新都是"创造性飞跃"的结果。他解释道："我们需要的是具有强大技术背景的诗人直觉，能够将想法付诸实践的工程师技能和能够将其转化为可行商业的企业家才干。"[63]正如莫基尔所指出的，是什么使一个社会具有技术创造性。波特诺夫补充道，必须有足够数量的潜在创新者愿意挑战未知的环境，并在不同培训和背景的人之间建立网络。[64]对莫基尔来说，从长远来看，技术创造性社会必须既有创造力又有创新性。这是因为"没有发明，创新最终会放缓并停滞不前。没有创新，发明者将缺乏专注力，也没有追求新想法的动力。"[65]

最后，增长理论家认为，城市中创造性人力资本的聚集也是创新的关键驱动力。已故城市理论家简·雅各布斯（Jane Jacobs）在 1969 年撰文指出，充满生产活力的城市是经济增长的关键。[66]雅各布斯将城市定义为"一个持续从当地经济中产生经济增长的，并且是在旧工作中不断增加新收益的地方"。[67]一个城市想要产生财富，实现经济发展，就必须有一个环境，鼓励人们发现或创新做事方式、提供新的产品和服务，并且保持社会稳定和经济自由，从而激励人们在追求利润的驱动下继续创业。这样的城市又会吸引大量寻求财富的人涌入，形成社会网络集群。简言之，城市中创造性人才的集聚并发挥才能，是产生创新和推动经济增长的根本机制。尽管不是经济学家出身，但简·雅各布斯及其经济发展理论——拥有人才集群的城镇化城市如何引领创新和随后的经济增长，赢得了城市经济学家和社会学家的大力支持。

经济学家爱德华·格莱泽（Edward Glaeser）在他的《城市的胜利》（*The Triumph of the City*）一书中描绘了一幅光明的前景，将城市视为财富和发展的强大驱动力。[68]他认为，一个城市的成功取决于其创新和自我重塑以产生创意，而不是物质水平。因此，正是通过将人才集中在城市化和高度宜居的环境中，城市才能通过连接居民并成为思想的门户来孵化创新。

格莱泽以新加坡通过终身教育提升人力资源的成功案例来支持他的人力资本理论。这个城市国家通过高质量的生活和强有力的城市治理吸引了全球人才和资本。理查德·佛罗里达（Richard Florida）认为，如果今天的城市希望重振活力，就需要吸引有创造力的人才。[69]正如佛罗里达所说，城市需要培育和发展"创意阶层"，以便利用他们的创造力来促进创新。他认为，为了实现持续的创新和经济增长，城市必须拥有"技术""人才"和"宽容"这三大法宝。[70]这些是创意经济相互依存的驱动力。佛罗里达主张，各国应投资开发从低收入者到顶尖专业人士的所有公民的全部人力潜力和创造力。在这项研究中，佛罗里达阐明了从 20 世纪 50 年代到 21 世纪创意阶层的兴起和创意个体是如何改变美国社会的。创造者有三个突出的价值观：强烈个人主义和自我表达偏好、信奉精英政治精神、尊重多样性和开放性。他的重要发现突出了创意阶层在各个地区的地理集聚模式。根据他的"创意资本理论"，创意阶层的中心"更有可能成为经济赢家"，他们成功地创造了高端就业机会和经济增长。

技术学习：新加坡的案例

新加坡这个城市国家自 20 世纪 70 年代以来为刺激技术变革和走上以技术为基础的增长道路所做的努力阐释了上述理论模式。在英国统治下，作为大英帝国在东方的"边缘"殖民地，新加坡的转口贸易经济高度依赖伦敦"核心"行政中心的发展政策。[71]经济活动也主要由外国贸易公司控制、本地商人支持的方式开展。在 20 世纪 60 年代，转口贸易仍然是经济的主要支柱。到 20 世纪 70 年代，新加坡领导人意识到，为了生存并迎头赶上，经济必须转向发展工业基础。资本积累使劳动密集型工业扩张，导致了传统转口贸易活动的萎缩。最初，工业追赶的速度主要取决于外国金融投资。随着新加坡成为劳动密集型产品的出口国，国内储蓄上升，对外国储蓄的依赖减少。从 20 世纪 70 年代末到 80 年代，为了应对全球趋势，新加坡的增长模式再次转变，通过建立资本密集型的工业基础来获得比较优势。[72] 经济结构重组需要采用新技术。

为了使技术更上一层楼，新加坡从 20 世纪 60 年代到 80 年代采用了外国直接投资的杠杆模式，依靠跨国公司（尤其是技术领先公司）的技术转让。政府鼓励跨国公司与当地制造商合作、合资或签订许可协议，来转让技术和技能。通过鼓励外国投资引入先进技术，同时获得技术知识和资本。这样，跨国企业为当地管理人员和工人提供学习最新技术的机会，有助于提升新加坡的技术能力。这种技术跨越的传统途径被认为是像新加坡这样的贸易国缩小技术差距的最有效方法。工业追赶的早期阶段比较顺利，因为当时已经有了大量的技术储备。然而，随着积累的技术资源逐渐被利用，更高层次的技术转让变得更加困难。杰弗里·萨克斯（Jeffrey Sachs）指出，虽然许多发展中国家"采用其他地方已经开发的技术相对容易"，但很少有能力实现本土的技术创新。[73] 依赖跨国公司的技术升级路径的一个负面效应是，当地的中小型企业在努力开发自己的产品和工艺技术时，往往更加倾向于规避风险。与日本和韩国不同，这两国的大型企业集团积累了先进的技术实力，可以建立本土产能，朝着创新驱动经济迈进。新加坡以及中国台湾地区和中国香港地区的企业家们更倾向于采取渐进的方式，逐步提升技术能力，而不是每隔一段时间就开展一次大的飞跃。这种方法还简化了学习过程，因为只要在培训和再培训中稍作调整，就可以使用同一批经过培训的员工。迈克·霍布迪（Mike Hobday）在对新加坡电子行业的分析中表明，技术是通过渐进的学习，而不是通过跳跃式发展积累起来的。[74] 当地的中小型企业"参与了艰难的技术学习、累积过程，而不是从一种技术跨越到另一种技术。"[75] 当地企业招聘、培训和提拔员工到工程、管理和市场营销等高级职位，从而在产品设计、工艺改进、持续工程、选择性研发支持、管理和直销等方面积累了技术知识并发展了组织能力。

到了 20 世纪 90 年代，新加坡政府意识到依靠跨国公司来发展自主的本土技术基础存在局限性，开始采取有计划的措施，从"经济重点"转向"技术重点"。这是转向培养本土科技产能的重要决定，积极推动更广泛的科技框架下的研发政策。这些研发工作在几家政府资助的研究机构中开展，由科学、技术和医学领域的知名人士负责。自 21 世纪开始，新加坡政府的科技战略目标转向在本地中小型企业和初创企业中实现技术创新和激发技术创新精神。在面向创新驱动增长的转变中，政府发挥了关键作用，不仅在经济领域，而且在大、中、小学强调创新和创造力，提出"创新与创业"等倡议，培养新加坡年轻人的创业精神。

经济战略家和规划者意识到，为了在新知识经济中实现可持续增长，新加坡必须自我重塑。新加坡政府长期顾问迈克尔·波特说，"新加坡想要提高生产率来维持可持续增长，必须加快广义的创新步伐……新加坡正处于成功的经济战略时代的末期，也必将面临战略转变"。[76] 为此，新加坡政府采取了系列措施，旨在建立创新的产业政策和工作环境：提升中小学到大学的教育系统的创造力和解决问题能力；倡导有利于创新的规则、条例和立法，以更好地保护发明和保障所有权；推出吸引世界各地专业人才的举措；为个人和公司提供世界级的信息和通信基础设施，与世界保持联系。总之，政府正试图打造一个"创意城市"。图 1.1 展示了创新驱动增长的生态系统，概括了新加坡经济发展局（EDB）、新加坡科技研究局以及大学、理工学院和研究机构的关键机构角色。他们共同规划、实施和推动新加坡的科技政策。

显然，新加坡的 21 世纪的科技路线图是从投资驱动的战略转向创新驱动。鉴于新加坡作为亚洲地区贸易中心枢纽的历史传统，当前对科技研究的大量投资能否将这个岛屿国家从一个贸易商和经纪人的国家转变为一个科技创新者的国家？这一问题尚待回答。

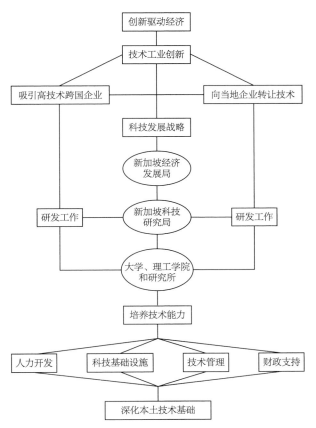

图 1.1　创新驱动增长的生态系统

第二章

20 世纪六七十年代的生存和追赶

20 世纪五六十年代是新加坡历史上动荡的二十年。这一时期凸显了国家和经济高度依赖区域和全球外部发展的脆弱性。当新加坡在 1965 年 8 月成为一个主权国家时，领导人面临着如何确保这个城市国家在政治和经济方面生存的艰巨任务。殖民主义产生了严重依赖转口贸易的不平衡的经济发展。但是世界变化迅速，科学和技术日益成为决定国家竞争力水平的关键因素。因此，新加坡政府在 1965 年的首要任务是寻找最快速和最有效的方法来发展工业化经济。然而，本文认为，历史的力量继续决定着新加坡工业化计划的性质。此外，新加坡在这一时期采取的工业战略对该国本土技术能力增长的影响微乎其微。

1942—1965 年的地缘政治场景

1942 年 2 月 15 日，英军指挥官白思华（E. Percival）将英军称为"坚不可摧的堡垒"的新加坡拱手让给了日本。新加坡的沦陷不仅意味着一场战役的结束，更意味着一个时代的终结。[1] 新加坡被日本更名为"昭南岛"（Syonan-to），或称"南岛之光"，与马来亚一起被纳入日本"大东亚共荣圈"。和英国一样，日本也认识到新加坡得天独厚的地理位置，这使得新加坡成为日本在东南亚的行政中心。

新加坡的经济在日本统治时期遭到严重破坏。英国从马来亚撤退时，摧毁了桥梁、机械和汽车车间、油库、铁路线和其他公共设施，新加坡的基础设施损失殆尽。日本的统治切断了和主要欧洲市场的联系，新加坡的转口贸易和马来亚的锡、橡胶等原材料出口受到严重影响。日本财阀接管了大部分英国、美国和荷兰的经济资产。当地的华人企业家也丢掉了大部分的业务。日本占领新加坡暴露了新加坡经济的结构性弱点：对转口贸易的过度依赖和产业部门的极度匮乏。

人们普遍认为，在东南亚，太平洋战争结束了殖民主义，开辟了政治和经济民族主义的新时代。1945 年 9 月，当英国重新占领新加坡和马来亚时，他们发现，就如他们在缅甸看到的那样，这片土地已经被日本践踏得面目全非。更重要的是，他们意识到，在他们逃离的这段时间里，一种前所未闻的本土民族主义开始显现。英国提议为马来亚建立新的行政机构。从 1946 年 4 月 1 日起，新加坡被作为一个独立的直辖殖民地进行管理。与马来亚其他地区（包括槟城和马六甲）的分离，反映了英国希望将新加坡继续作为商业和军事基地的愿望。

然而，20 世纪五六十年代的新加坡并不太平，人们普遍反对英国的殖民存在。一位前政治家的话很好地概括了当时的局势：

> 英国殖民政权在马来亚战役中被日本打败，随后日本占领新加坡 3 年零 8 个月，毫无疑问，英国不是不可战胜的。他们在新加坡的利益是为大英帝国更广泛的利益服务的。这给新加坡人上了一课，如果殖民宗主国认为这样做是有利的，新加坡就会被抛弃。[2]

　　罢工和骚乱频繁发生，迫使许多英国公司关闭，导致英国资本从新加坡外流。战争的余波给新加坡人民造成了严重的社会和经济混乱。人口从1948年的约96万增长到1954年的约160万。失业率高居不下，公共住房严重短缺。许多棚户区在郊外和农村地区涌现。在20世纪50年代，种族融合并不存在，在多元社会中，主要的种族群体认为自己是华人、马来人和印度人，而不是新加坡人。宗教差异如果被利用，也可能会导致社会问题。这在1950年12月11日至13日发生的玛丽亚·埃尔托格（Maria Hertogh）骚乱中体现得淋漓尽致。

　　总的来说，英国在教育、语言和公民身份方面的殖民政策阻碍了新加坡人民种族融合以及命运共同体和身份认同的发展。例如，在教育方面，政府鼓励英文教育体系的发展，却没有规范和支持华文学校的数量。受过中文教育的人成了弱势群体。他们没有接受高等教育的机会，也无法指望在政府机构就业。政府没有认可这个更有活力和发言权的接受中文教育的群体。1959年5月，新加坡举行第一次自主治理的民主选举。在李光耀的领导下，人民行动党（PAP）赢得了令人信服的胜利。李光耀成为新加坡第一任总理，与此同时，新加坡国旗和国歌《前进吧，新加坡！》（*Majullah Singapura*）正式启用。大约四年后的1963年9月，新加坡成为马来西亚的一部分。但政治分歧很快达到了无法调和的程度。1965年8月9日，在李光耀的领导下，新加坡正式脱离马来西亚，成为一个有主权的、民主的、独立的城市国家。此后，新加坡开始了自力更生的奋斗，并在不同的移民人口中发展国家认同和国民意识。

　　20世纪60年代，新加坡动荡的政治历史伴随着多次经济危机，暴露出这个完全依赖于殖民地转口地位的小国的脆弱性。第一个事件被称为"印尼对抗"（Indonesian Confrontation）。新加坡在早期加入马来西亚，疏远了与重要的传统贸易邻国印度尼西亚的关系。1963—1965年期间，印度尼西亚的贸易抵制严重损害了新加坡的转口贸易，"整个经济在1964年

几乎停滞不前，增长率仅为 0.6%"。[3] 1965 年与马来西亚突然而剧烈的
分离是另一场引发极大焦虑的危机。新加坡作为马来西亚的传统转口港，
当马来西亚使用自己的港口直接与其他国家进行贸易时，新加坡在很大
程度上被绕过了。此外，马来西亚开始了自己的进口替代工业化政策，
这意味着征收高额关税，有效地将新加坡与其传统市场隔离开来。[4] 20
世纪 60 年代末，英国于 1968 年 1 月突然宣布在 1971 年之前加速从新加
坡和远东撤军的计划，这一消息令人震惊。20 世纪 60 年代，英国的军事
开支约占国内生产总值的 20%，这些军事基地雇用了大约 25 000 名新加坡
公民。[5]

　　20 世纪 60 年代的创伤使李光耀和他的同僚们深信，这个小国想要生
存下去，必须立即解决两个当务之急。为了作为一个有活力的经济实体参
与竞争，首要任务是摆脱对转口贸易的长期依赖，并开始实施出口导向型
工业化战略。[6] 第二项紧迫任务是发展自己的军事实力。1967 年《国民兵
役法》(the National Service Act of 1967) 的通过标志着人们开始共同努
力维持一支庞大的国防部队，同时培养年轻公民对国家的忠诚。新加坡对
自身安全的强烈关注，通过直接购买先进武器装备和自主研发军事技术来
强力和持续地升级国防力量，这绝非偶然。

　　随着新加坡经济进入 20 世纪 70 年代，似乎一直受到幸运女神眷顾。
偶然的外部环境，即傅高义所说的"情境因素"发挥了重要作用，不仅确
保该岛屿国家生存下来，而且使其享有世界上最高的增长率之一。[7] 正如
李光耀在 1980 年 8 月 17 日的国庆演讲中所解释的那样：

　　　　我们充分利用了过去 20 年外部世界力量有利的情况，改善了
　　我们国内的状况。强大的美国经济，加上充足的石油供应和低廉
　　的价格，使美国和欧洲在 20 世纪 50 年代和 60 年代以超过 6% 的
　　年增长率蓬勃发展，日本的年增长率更是超过 12%。世界贸易的

年增长率保持在 8% ~ 10%。因此，我们的经济增长也保持在 10% 以上。[8]

随着美国卷入朝鲜战争和越南战争，美国对东亚的投入显著增加。虽然与日本相比，新加坡的收益没有那么直接，但战争期间通过向盟军提供支援服务，刺激了新加坡的经济。总的来说，由于新加坡对外国投资的极其积极的态度和为跨国公司提供的颇具吸引力的激励措施，新加坡成为美国投资者的首选地。20 世纪 70 年代，美国投资者在制造业领域的外国直接投资年均增长率达到 33%。

工业化：生存的关键

阿根廷经济学家劳尔·普雷维什（Raul Prebisch）强烈建议，对于所谓的"第三世界"国家来说，工业化道路应始于采用进口替代工业化（ISI）的发展战略，以减少对进口货物的依赖。[9]一般来说，这涉及非耐用消费品的小规模生产，因其生产条件不需要拥有先前的工业经验，比如大量熟练劳动力和先进技术。[10]东南亚所有国家都经历了具有相对较高的增长率时期，但到 20 世纪 60 年代中期，进口替代工业化战略的局限性和内在矛盾开始显现。[11]发展战略逐渐转向出口导向型工业化。到 20 世纪 70 年代初，出口导向型工业化成了"新正统"，得到匈牙利裔的世界银行经济学家贝拉·巴拉萨（Bela Balassa）的大力倡导，以促进第三世界国家的经济增长。[12]

到 20 世纪 50 年代末，新加坡仍然主要是一个转口贸易中心，70% 的国内生产总值来自转口贸易活动。[13]该国的工业基础薄弱，而且产业有限。主导产业是船舶业制造和维修，这主要掌握在公共机构手中，如新加坡港务局和英国海军基地。小型制造业主要包括轻工业和加工业，其中船舶制造、维修和海洋工程占据了 43% 的份额。[14]虽然制造业部门的就业人数从 1955 年的 22 692 人增加到 1961 年的 44 295 人，但制造业发展缓慢，1960 年，其在国内生产总值占比徘徊在 12% 左右。与此同时，人口增长率为 4%，失业率在 20 世纪 60 年代初升至 7%～8% 的高点。[15] 政府意识到解决不断加剧的失业问题是当务之急。到 20 世纪 50 年代末，政府更加关注扩大工业基础的需求，尽管仍然主张新加坡继续"小心翼翼地捍卫其作为转口港的地位"。[16] 但作为一个贸易港口，扩大制造业规模的任务不会一帆风顺。正如首席规划官在 1954 年编写的一份报告中指出的：

> 目前，新加坡几乎所有制造业都面临熟练劳动力匮乏的问题，这并非他们缺乏天赋。香港最新的工业发展表明，他们的劳动力很容易适应新的环境，新加坡工业界的经验也表明，这里情况也大致如此。众所周知，新加坡目前缺乏足够的设施，如果要实现工业化，必须鼓励建设这些设施。[17]

报告还指出，"许多行业都尽量减少机械设备的使用，即使采用，这些设备的标准也相对较低"。[18] 当地的企业家也不容易适应这一变化。更重要的是，它反映了新加坡政府在多大程度上致力于发展工业基地，使其成为新加坡经济不可分割的组成部分。

新加坡的本地企业家在第二次世界大战前对工业经济的发展贡献甚微。这一趋势在战争结束后的几十年里也是如此。一种解释与"华人企业一般为家族企业，并将外部人员的雇用控制在最低限度内"有关。[19] 另一个因素是，马来西亚（包括新加坡）经济由非制造业的欧洲企业主导。这些公司大多从事贸易和初级产品的加工。他们在 1953 年控制了 65%～75% 的出口贸易，在 1955 年控制了 60%～70% 的进口贸易，在近 200 万英亩①

① 1 英亩 ≈ 4 046.86 平方米。——译者注

种植园土地中，75% 归代理公司所有。[20] 橡胶和锡的主导地位以及与贸易相关的波动也在某种程度上动摇了新加坡企业家对工业的投资。在经济繁荣时期，他们从橡胶和锡的贸易中获得了巨额利润。但是，当价格低迷时，他们愈发不愿将流动资金投入长期的工业投资，因为这些投资只能在长期内获得稳定的回报。此外，政治的不确定性和社会的不稳定，如社区紧张局势和劳工骚乱，抑制了本国和外国对工业投资的意愿。因此，到 20 世纪50 年代末，新加坡的经济仍然高度依赖盈利丰厚的转口贸易，这是该国因其优越的地理位置而具有的比较优势。

1961 年的《魏森梅斯报告》

1961 年，由荷兰经济学家阿尔伯特·魏森梅斯（Albert Winsemius）领导的联合国工业调查特派团受新加坡政府委托，进行了一项工业调查，目标是"为促进制造业健康、快速发展，在经济、组织和运营措施方面提出必要的建议"[21]。《魏森梅斯报告》使新加坡领导人相信，传统上对转口贸易和银行业等服务业的依赖，将不会提升新加坡这个城市国家未来的经济生存能力。面对日益增加的失业和不断扩大的劳动力，首要任务是提供充足的就业机会。据估计，从 1961 年到 1970 年，需要创造大约 214 000个工作岗位。[22] 报告强调了与新加坡经济工业化相关的三个关键领域，即制造业的状况、资本和劳动力，以及技术能力的发展。

报告强调了当时制造业在经济中的相对次要、衰落和二元对立地位。1960 年，在 1 882 家企业中约有 70% 的企业是雇员不到 10 人的小规模企业。

新加坡的制造业可以分为两大类。一大类是数量有限的管理
良好的工厂，大部分是外国企业的子公司。另一大类是数量较多

的生产率低下的小型企业。第一类工人工资比较高,第二类工人往往工资很低。这两个群体的工人竞争力不同。鉴于国内市场有限,未来的制造业将不得不在国际市场上竞争。[23]

由于自然资源稀缺,新加坡的经济发展在很大程度上取决于这一竞争地位。此外,从长远来看,只有扩大制造业才能跟上人口增长的步伐。为了实现这一目标,报告建议实施基于出口驱动型的制造业强力扩张"应急方案"。报告还强调,虽然新加坡并不缺乏本地企业家,但他们更多地专注于转口贸易和其他商业交易上,这些交易给他们带来了快速回报和大量流动资金。对制造业的长期投资无法为他们提供这样的优势。因此,许多国内资本在结构上是不流动的。然而,有人指出"低估当地资本在拟议的工业计划中可能发挥的作用是错误的",因为"制造业相当一部分投资是由当地资本提供资金的"。[24]

本地制造业的扩展因缺乏管理和技术的专业知识而受到限制[25]。大多数企业家缺乏制造业创业经验,而对于涉足制造业的企业家来说,"企业的运营效率较低"。[26]在许多小规模行业,机械设备和生产方法已经过时。虽然企业家具备处理贸易和商业活动的管理知识,但制造业的复杂运营需要专业的管理和技术人员。关于劳动力素质,报告得出结论"劳动力充足,易于培训,并且具有在制造业工作的高水平素质"。[27]提高从事制造业的本地劳动力的技能和水平是一个亟待解决的问题。经济学家团队总结了这一情况:

（新加坡）最大的优势是在制造业工作方面拥有高素质人才。他们在全球工厂工人中名列前茅。问题的关键是如何把大量的非技术工人转化为技术工人和熟练工人。成功解决这个问题将确保工业计划的进展不会因为某类技术人员或熟练工人的短缺而搁浅。[28]

报告指出，在新加坡，制造商很少提供系统的学徒培训计划。在 1958 年调查的 572 家企业中，一共雇用了 25 000 名工人，只有 6% 的企业提供了某种形式的在职培训。为了确保熟练工人的持续供应，报告建议采取以下措施：①升级和扩建新加坡理工学院，引入专业工程师的培训；②建立样品生产和培训中心，生产工具、机器和配件的样品，并向当地制造商提供设计和图纸；③将技术人员和主管派驻到工业化国家的工厂，以便获得制造业生产各个方面的实际培训。同样，邀请外国技术专家来教授技能和知识；④从长远来看，通过在现有的两所大学中建立完善的工程学院，提高技术水平。除了提升工人的技能水平，还建议采取互补措施确保持续的高生产率。这些措施旨在消除不稳定的劳资关系，在工会、雇主和政府之间建立合作和健康的工作关系。

总之，《魏森梅斯报告》强调本地制造商需要与外国企业签订合资协议，这些外国企业可以向他们提供必要的初期管理人员和专业技术知识。在这方面，政府需要扮演"代理人"的历史角色，向"外国制造商提供一切必要的协助，以寻找合适的本地合作伙伴"。[29] 1961 年年初，基于《魏森梅斯报告》，新加坡颁布了《1961—1964 年的国家发展计划》。采取新的方针，要求迅速扩建经济基础设施和实施具体的工业促进措施。归根结底，《魏森梅斯报告》和《1961—1964 年的国家发展计划》都坚定这样的信念——年轻的独立的新加坡具有自己的经济可行性。[30]

走向工业化国家的道路始于 1961 年 8 月成立的经济发展局，专门监控和推动新加坡的工业发展。1961 年 9 月，第一台推土机驶进了遍地沼泽的裕廊岛，创造了新加坡第一个也是最大的工业中心区。最重要的是，正如加里·罗丹（Garry Rodan）所指出的，政府"接受了这样的观点，国家通过积极的制度和财政干预可以为私人投资主导的快速增长的进口替代计划奠定基础"。[31]英国在统治期间大力推行的自由放任的经济对新加坡没有好处。为了成功地将新加坡转变为一个有吸引力的投资天堂，并与其他区域国家竞争引资，国家干预是必不可少的，这为 20 世纪 60 年代末和整个 70 年代外国投资的大量涌入创造了条件。

1965－1979 年的出口导向型工业化战略赶超

《1961－1964 年的国家发展计划》带来了 20 世纪 60 年代的 10 年增长。[32] 其显著特点是制造业就业的人数增加了三倍多。20 世纪 60 年代的经济增长也产生了良好的社会效应。人口增长率从 1959 年的 4.1% 下降到 1969 年的 1.5%，婴儿死亡率从 1959 年的 36.0‰ 下降到 1969 年的 21.0‰，入学人数从 1959 年的 30.5 万人增加到 1969 年的 51.1 万人。[33] 经济增长与执政的人民行动党积极倡导的"生存意识"密切相关。基本上，这种意识形态鼓吹了经济和政治生存的不可分割性。[34] 这要求新加坡人民接受一套全新的社会态度和信仰。呼吁为"国家利益"牺牲个人利益。李光耀评价日本社会的凝聚力和创造力时说道：

> 日本社会的非经济因素，即成就了现今日本经济的人文因素将不会改变。凝聚力、勤奋、实际运用能力、愿意吸收他人的发现和成果并加以改进，都是日本人的特质。日本人会找到解决困难的办法。这是一个紧密团结的社会，收入和地位的差异因为包容和平等的爱国主义和民族自豪感而变得可以接受。[35]

显然，新加坡领导人对日本人通过吸收和创造性地适应西方技术来创建其工业化社会的方式深为钦佩。李光耀认为，新加坡的经济生存，"取决于我们能否充分利用我们人民的优势，最大化发挥其潜能。这能弥补我们规模和人数不足，而且最重要的是，在科学和技术领域，我们应该在这个地区处于领先地位"。[36]

如前所述，新加坡在 1965 年 8 月面临的关键问题是如何在尽可能短的时间内提出一个可行且不断扩大的工业化计划。英国留给新加坡的是一个"面向帝国体制的殖民地经济：少得可怜的工业和为数不多的银行和商业"。[37] 人民行动党认为，只有政府主导的以出口为导向的工业化才能确保未来的经济发展。这种发展战略在英国政府 1967 年宣布从新加坡撤军后变得更加紧迫。实际上，新加坡在 20 世纪 60 年代末和 70 年代的出口导向型工业化计划利用了成本低廉、熟练的工程和技术劳动力。在这一时期，外国技术发挥了关键作用。1966 年，新加坡制造业的外国直接投资达到了2.39 亿美元。由于政府通过一系列税收优惠和投资激励措施积极推动，这一数字在 1971 年增加到 15.75 亿美元，在 1979 年增加到 63.49 亿美元。[38]在此期间，在新加坡建立组装业务的主要跨国企业包括惠普、美国国家半导体、精工、天美时、斯凯孚、桑斯川特（亚太地区）、日立、松下、富士通、三洋和朝日。因此，在 20 世纪 70 年代，随着更先进的技术引入新加坡，外国投资者逐渐转向高附加值的投资。[39] 到 1981 年，制造业占国内生产总值的 24%。[40]

虽然新加坡在 20 世纪 60 年代末和 70 年代的经济表现有据可查，但关于推动政府工业化政策和影响政府努力发展科学和技术的历史力量却鲜有提及。李光耀和他的首席经济智囊、时任副总理的吴庆瑞（Goh Keng Swee）认识到，长期的殖民主义造就了一个主要由小店主、代理商和金融家组成的商业群体，他们既不具备科学、技术和现代管理技能，也没有积极承担将贸易型经济转变为制造业型经济的使命。[41] 商业和贸易文化已经深深根植在企业家的生活方式中。要在一夜之间把一个由商人和文员组成的国家变成一个由熟练的技术人员、工程师和科学家组成的国家，这是一项不可能完成的任务。因此，从一开始，跨国企业就成为政府的目标。它们被视为最可靠的途径，不仅可以提供高水平的技术和管理技能，还可以确保进入世界市场。[42] 同时，政府希望让"年轻人接受现代工业技术的培训，使我们产品的质量和成本在出口市场上具有竞争力"。[43] 正如韩国和中国台湾地区经济发展的某些阶段一样，新加坡出口导向型工业化战略的成功，也在很大程度上取决于政府在 20 世纪 70 年代创建的法定机构和国有企业或半国有企业，与国内外伙伴创立合资企业，生产工业产品，如钢铁和精制糖。

一个成功的出口导向型工业化计划还取决于人们是否愿意接受变革，是否有足够的灵活性来调整和发展自我。新加坡采用出口导向型工业化发展战略，受益于英国殖民统治的历史遗产——良好的交通、道路、港口和机场设施，廉洁高效的行政管理，以及相对健康的生活条件。到 20 世纪 60 年代末，人民行动党巩固了政治领导地位，确保了外国投资者在发展中国家急于寻求的稳定的政治环境。最重要的是，正如李光耀在 1968 年 8 月 8 日的国庆演讲中所说：

> （新加坡的成功）是因为人们态度的改变和积极世界观。新加坡曾是移民聚集地，那时人们只顾自己。如果人们关心其他人，那只会是他的直系亲属。现在的新加坡人，特别是在这里出生和接受教育的人，都意识到个人的生存是不够的。只有当我们共同捍卫国家的完整并确保整个社会的利益时，我们所拥有的一切才能得以保全……他们是不一样的一群人，自力更生，充满自信，渴望学习，乐意工作。[44]

虽然新一代的新加坡人持有新的价值观和态度，但从莱佛士（1781—1826）时代以来人们内心深处形成的、无处不在的文化特征一直是促使他们保持"积极的世界观"的驱动力。这种特征源于生存本能，根据时代和社会需求的变化来进行调整和适应。

在 20 世纪 60 年代末和 20 世纪 70 年代，个人的生存与国家的生存意识高度契合。整体而言，人们完全陷入新加坡的"追赶"综合征之中——迫切需要缩小差距、参与竞争、获得成功和超越对手。国家和个人的生存需求并没有止于 20 世纪 70 年代。更重要的是，自独立以来的几十年里，新加坡政府创造了一个需要人人掌握生存技能的社会。事实上，可以毫不夸张地说，新加坡是一个典型的达尔文式的现代社会，只有适者生存。借用李光耀对日本社会的评价："日本社会是达尔文进化论的一个例证，更具适应性的社会有机体才能生存下来。"[45]

出口导向型工业化和技术能力的发展

新加坡在 20 世纪 60 年代末和 20 世纪 70 年代的出口导向型工业化战略也涉及科学和技术的发展。但缩小技术差距的任务说起来容易，做起来难。英国的殖民统治并没有推动必要的技术和职业教育发展。事实上，长时间的滞后使人民行动党领导人难以制定出有效和系统的计划来发展中小学和两所大学的技术和工程教育。此外，当地严重缺乏能够在正规和非正规教育中传授知识和技能的科技领域专家。20 世纪 70 年代，有限的工程师流失到快速发展的工业领域，使问题更加复杂。[46]《魏森梅斯报告》已经强调了熟练工人的不足。应政府的要求，阿尔伯特·魏森梅斯博士继续定期访问新加坡。1970 年 2 月，他估计从 1970 年到 1975 年，新加坡每年将有 450 到 500 名工程师的缺口，尽管政府已经努力将当时的新加坡大学的工程师年度毕业人数从 80 名增加到 1974 年的 210 名。[47]管理人员和技术人员的短缺也同样令人担忧，前者在未来三年每年短缺约 200 名，后者在未来两年，每年短缺多达 1 500 到 2 000 名。[48]

因此，从一开始，新加坡政府就采取了"开放"政策，试图缩小技术差距，吸引跨国企业和外国专家进入这个城市国家，为工业的腾飞提供动力。[49]正如吴庆瑞副总理在 1970 年的预算演讲中所解释的那样：

当外国企业带来他们专业知识时，对于我们发展中国家来说，是一种逆向的人才流动……我们不应该对外国管理人员、工程师和技术人员的流入心怀不满。相反，在我们自己没有相关知识和技术的情况下，应该把他们看作是帮助我们开辟新产业道路的人。从长远来看，我们现在从国外借鉴的科学知识和技术流程，必须逐步在我们本地的高等教育机构中发展起来。[50]

这些论断反映了这个年轻但快速发展的国家的乐观态度。吴庆瑞在评论提出了几个与新加坡 20 世纪 80 年代和 90 年代追求技术卓越密切相关的重要问题。这些问题包括跨国企业的技术和技能的转移和扩散，本地工程师和技术人员的短缺，本地专业知识的人才流失，大学与产业的联系薄弱，缺乏合理规划的科学和技术政策，以及新加坡本土企业的研发进展缓慢等。

20 世纪 60 年代和 70 年代，政府采取了哪些措施来加强科学技术在国家经济发展中的作用？1968 年 4 月成立了科学技术部，负责制定科学政策和协调国家科技人力的部署。[51]此外，急需重组教育体系，提供必要的技术人力资源。[52]特别是 1971 年英国军事撤离后，迫切需要技术劳动力资源来填补原本由英国技术工人担任的职位。因此，技术教育领域发生了根本性变革。1968 年的一份部长级报告强调了学术类和技术类入学率之间的巨大差距。日本的学术与职业学生的比例为 3:2；新加坡的比例为 7:1，技术人员与工程师、科学家的比例为 1:23。[53]为了纠正这种不平衡，教育部宣布，从 1969 年起，所有中学生必须先接受两年的义务技术教育，之后分流到技术、商业或学术等教育领域。20 世纪 70 年代建立了几个工业培训中心和职业学院。在高等教育层面，加强工程和技术人才的培养。因此，直到 20 世纪 70 年代，新加坡政府都在努力拓展科技领域的资源。那么，到底这些措施引进的技术文化在推动新加坡工业化进程方面有多成功？

事实证明，进入 80 年代后新加坡仍然严重受制于三个关键层面的劳动力短缺——熟练劳动力、合格的技术和工程人员以及受过现代技术培训的管理人才。与殖民时期一样，这一阶段的教育也未能跟上新加坡经济迅速增长的步伐。[54]技术工人和专业人员的劳动力市场紧缺，很快导致了对这些人员的"争夺"与"反争夺"，尤其是在快速扩张的船舶制造和维修业以及石油化工行业。[55]作为短期解决方案，政府鼓励技术人才的流入，放宽了"这些人员进入新加坡，获得永久居留权和公民身份的条件"。[56]因此，在这方面，历史模式得以延续，因为殖民时期的贸易经济和城市的结构性增长都依赖于持续的移民流入，尽管 20 世纪 30 年代，英国对华人实施了移民限制。但对现代新加坡来说，吸引外国的专业知识和人才一直是一项高度优先和极为紧迫的任务。

显然，将一个贸易文化的社会重建成一个以强大的科学技术为支撑的制造业文化的社会并不是一项容易的任务。政府对人民的勤劳和适应能力过于乐观。在独立初期的几十年里，哪些因素阻碍了推动科技进步呢？首先，新加坡的教育长期以来一直以"白领情结"为特征。大多数中学和大学毕业生获得了学术和职业资格，他们倾向于第三产业如保险、银行、贸易和政府服务领域的文职和行政职位。对于这种"殖民"时期心态持续存在的社会文化解释是，许多华人家庭认为行政职位与儒家社会等级制度下的学者阶层相匹配。他们拥有很高的声望、不错的前景和工作保障。这种"白领情结"在当时被认为是不可取的，与政府向"蓝领"劳动力的政策转变背道而驰。不幸的是，这一历史遗留问题在 20 世纪 80 年代及以后的时间里继续困扰着新加坡。

还有一个更重要的因素，解释了在迅速变化的社会中，政府未能播下科学技术文化的第一颗种子。在追赶成为工业化国家的过程中，通过外国企业扩大制造业基地的工业政策与政府提高劳动力总体技能水平的目标明显不匹配。这一时期，新加坡的工业企业的特点是规模小，资本投入少，使用技术简单。1969 年，70% 的制造业企业雇用了 10～39 名工人，而只有 10% 的企业的雇员规模达到 100～300 名。[57] 尽管外国投资者迅速利用新加坡的开放政策和政府提供的激励措施，但他们在技术选择和工作组织方面也很理性。新加坡市场小，本地管理技术和专业知识的稀缺也限制了外国企业的规模。因此，除了船舶制造和维修业以及石油化学工业，新加坡的工业企业基本上都是劳动密集型、低工资和低生产率的企业，只需要在装配和生产线上重复简单的操作。除了个别例外，大多数从事制造业的新加坡人都是低技能工人，他们必须在劳动力市场上与来自邻国的数千名以女性为主的低技能"客工"竞争。例如，在 1978 年，政府保守估计，在总共 95 万的劳动力中，有 4 万名外国工人。[58] 而实际数字可能更多。这种情况也进一步加剧了"蓝领"职业的负面形象，并使越来越多的年轻人不愿接受技术和职业教育。因此，与东亚的新兴工业化经济体及日本相比，新加坡在 20 世纪 70 年代的劳动生产率很低。在 1973 年至 1978 年期间，新加坡的实际生产率每年平均增长约 3%，而中国香港地区、中国台湾地区和韩国的平均增长率为 7%。[59] 然而，制造业就业的迅速增加在很大程度上有助于解决失业问题。[60]

最后，值得注意的是，直到 1991 年，新加坡政府还没有一个正式的科技政策蓝图。1970 年吴庆瑞在预算演说中的讲话表明了科学和技术发展的基本框架：

> 在科学和技术知识水平相对较低的情况下，我们不要以培养从事知识前沿研究的科学家和工程师为目标。我们应该更加务实，这也许看起来不那么宏伟。在可预见的未来，我们可能会建立高度依赖工程技能和工艺技巧的工业活动，这些活动是在高度发达且广为人知的工业流程中进行的，在这方面我们有天然的优势，能够培养或引进可以完成最严格工作标准的工程师、技术人员、

工匠和熟练工人，但成本比发达国家低得多。[61]

从许多方面来看，鉴于制度和社会的限制，政府的立场是明智的，也许是受到了日本发展道路的启发。但是，从日本的经验来看，新加坡的战略忽略了两个关键因素。第一，日本的科技文化可以追溯到明治时代，当时的技术转让是由所谓的"外国雇工"完成的，而日本学生则如饥似渴地在海外寻求知识和技能。第二，日本技术教育的发展与国家的工业化和技术水平的变化是同步进行的。[62]

尽管成立了新的政府机构来处理科技政策问题，但所提出的措施往往半途而废。相反，一系列的特设委员会、理事会和机构令人困惑，有时会发出不同的信号。一个相当无能的科技部的存在进一步加剧了这种混乱的局面，科技部缺少高水平管理人员，而且必须监督从技术教育的协调到研究工作的推动等广泛的活动。[63]正如吴作栋总理在 1981 年 6 月所解释的那样：

> 已解散的科技部只有 10 万美元的预算用于发放研究补助金。这难以维持基本的科研活动，更不用说深奥的研究了……如果一定要为科学研究和发展的糟糕状况找到一个罪魁祸首，那一定是研究和发展本身。我们直到现在才有了研究和发展政策，因为在过去十年里，研究和发展对我们的经济增长战略并不重要。[64].

因此，新加坡工业政策中的矛盾变得相当明显。一方面，早在 1966 年就提出了将新加坡发展成为东南亚科技领域的领导者。另一方面，政府似乎对促进科学技术的研究和发展并不热衷。这种自相矛盾的情况只会阻碍新加坡发展自己的本土技术基础。

总的来说，尽管 1973 年发生了第一次石油危机，新加坡的经济在整个 20 世纪 70 年代表现良好，在 1973 年至 1979 年期间，平均增长率为 8.7%。

国家的开放政策也成功地建立了一个以外国企业为主导的工业基地。用伊恩·布坎南（Iain Buchanan）的话说，"制造业确实有所发展，但是在一个与其他经济领域联系薄弱的飞地中发展的"。[65]同时，令政府感到沮丧的是，国内资本在结构上依然固化，仍然集中在传统但稳定和利润颇丰的第三产业。尽管制造业在20世纪70年代继续扩张，形成了一个不受欢迎的"血汗工厂"形象，制造业在国内生产总值中的份额维持在22%左右，然后在20世纪80年代开始下降。[66]另一方面，交通和通信领域在国内生产总值中的份额从1973年的13.5%提高到1979年的18.6%，反映了新加坡作为转口贸易中心的传统优势。[67]在20世纪60年代和70年代，科学技术没有取得发展，对新加坡工业化进程贡献甚微。事实上，为了实现追赶工业化国家的首要目标，政府政策左摇右摆，加上历史遗留问题的持续影响，"浪费了"两个黄金十年，科学技术文化本可以在此期间得到适当的培育和滋养。认识到国家在科学技术发展方面的落后，新加坡政府在20世纪80年代采取了推动经济和社会走向更高技术水平的战略。

第三章

20 世纪 80 年代的技术增长道路

　　20 世纪 60 年代和 70 年代，新加坡工业化发展的关键是政府认识到科学和技术在经济发展中的重要性。然而，其自由主义的经济理念吸引的主要是产品组装型的外国企业，这与提高劳动力技术能力水平的目标不一致。到 20 世纪 70 年代末，新加坡意识到低技术和低技能类型的工业无法在与邻国竞争中保持强大的优势，进入 20 世纪 80 年代后，新加坡推出了一套新的工业政策，将经济转向"第二次工业革命"。

　　为了提高国家经济竞争力，新加坡在 20 世纪 80 年代制定了一项技术发展道路计划。该计划是新加坡工业化的重要组成部分。这是政府利用科学和技术战略的第一个官方蓝图。但是，跨国企业在引领国家技术工业创新方面的核心作用强化了对外部资源的技术依赖，而且由于"支持跨国企业"的产业政策，本土企业像 20 世纪 70 年代一样被抛在后面。这一时期新加坡工业化的整体影响是抑制了技术文化的发展，减缓了深化本土技术基础的步伐。新加坡被誉为远东地区最具竞争力的新兴工业化经济体，但实际上在发展本土技术能力或自力更生方面几乎乏善可陈。政府急于实现国家先进工业地位的跨越式发展，引发了一系列矛盾，这些矛盾可能会限制而不是拓宽通往这一目标的道路。

第二次工业革命

20 世纪 80 年代，新加坡实施了一项积极的发展战略，这可能是任何其他发展中国家所没有的，新加坡政府将其称为"第二次工业革命"。[1]据推测，新加坡的"第一次工业革命"发生在 20 世纪 70 年代，当时启动了将经济从劳动密集型转变为资本密集型的工业政策。新加坡是否真的经历了一场"工业革命"？有趣的是，关于新加坡经济的文献尚未探讨这个问题。也许这只是一个口号，没有什么重要的意义。但在经济史中使用"工业革命"一词，通常意味着本土技术创新和科学探索的持续和加速增长。

1980 年，在外国跨国企业对制造业进行了 20 年的强力扩张之后，制造业贡献了新加坡 28% 国内生产总值，而 1960 年仅为 12%。然而，1970—1979 年期间，其年增长率放缓到 6.4%，而 1960—1969 年期间为10.2%。在 20 世纪 70 年代末，随着东南亚国家开始在低技能、劳动密集型产业中有效地争夺外国投资，新加坡在劳动密集型制造业中的比较优势逐渐被削弱。现在的重点转向了一项新的战略，可以加速新加坡从"第三梯队"的劳动密集型工业化国家向"第二梯队"的资本密集型经济体转型。根据唐纳德·多尔（Donald Dore）的准确观察，这种对迅速转向高附加值生产的追求，部分是"为了在与更低工资成本国家的竞争时保持出口市场份额"，部分是"国家自豪感的问题"。[2]

到 20 世纪 70 年代末，社会和经济指标对比显示，新加坡相对富裕和进步，而其他发展中国家仍在与贫困问题作斗争。再加上它在东南亚国家联盟和工业化国家之间历史上所扮演的极其重要的代理商角色，这个小城市国家往往在东盟内部扮演剥削者的角色。此外，正如多尔所言，"在技术意识日益增强的世界里，一个国家能声称自己离高科技前沿有多近，是决定其''国际地位'的一个越来越重要的因素"。[3]可以肯定的是，无论过去还是现在，新加坡符合这个论断。在 1981 年的预算报告中，当时的财政部长吴作栋乐观地表示，新加坡的经济将"发展成为一个以科学、技术、技能和知识为基础的现代工业经济体"。[4]因此，"第二次工业革命"在十年计划的指导下启动，将制造业占国内生产总值的比例从 1979 年的 22%提高到 1990 年的 31%。重组计划的两个主要策略是：①持续吸引跨国企业投资高技术类型的业务；②促进科学和技术的发展，如研究和开发等活动。

为了尽快摆脱劳动密集型的工业化模式，政府采取了大胆的、前所未有的举措，实行指导性工资政策，目的是提高工资成本，以阻止外国投资者的低技能的劳动密集型业务。同时，为吸引资本密集型和技术先进的外国投资，政府给予了慷慨的税收优惠和财政激励措施。然而，本土企业基本上被置之不顾了。这就是新战略最显著的负面影响和悖论所在，为实现高技术产业基础而进行的经济结构重组，不是通过鼓励本土技术发展，而是通过继续完全依赖外国技术来实现的。

20 世纪 80 年代，新加坡工业发展的高科技引擎是以出口为导向的电子行业。它在制造业附加值中的份额从 1975 年的 11.7%增加到 1984 年的 26.2%。[5]在此期间，新项目如集成电路设计、微处理器开发系统的生产和高密度磁盘驱动器等领域开始启动。特别是美国的磁盘驱动器公司发挥了重要作用，推动新加坡在几年内成为全球磁盘驱动器的主要出口国。然而，值得注意的是，这些投资是用于磁盘驱动器的组装和测试，而不是复杂的制造过程。新加坡航空业的发展也得到了跨国企业的支持，如森德斯特兰德（Sunstrand）、霍克太平洋（Hawker Pacific）、汤普森－拉莫－伍尔德里奇（TRW）和通用电气（General Electric）。20 世纪 80 年代的其他产业发展目标，也吸引了著名的跨国企业，包括汽车零部件、机床和机械设备、医疗和外科设备与仪器、特种化学品和药品、光学仪器和设备、精密工程产品以及液压和气动控制系统。选择这些产业的前提是，它们将提高新加坡对发达国家市场的出口能力。

外国技术的核心作用

跨国企业向发展中国家进行技术转让理论考虑的通常是基于产品生命周期（PLC）框架。简而言之，在产品生命周期的第一个创新阶段，有相对大量的工程师和技术工人参与。在周期的第二个中间阶段，生产过程流程化和常规化，从而融入大规模生产技术。在最终的产品标准化阶段，随着行业的完全成熟，大部分的生产被专门的机器所取代，只需要非熟练工人。在这一点上，对成本效益的考虑促使该行业将生产转移到拥有剩余廉价劳动力的外围地区。发达国家的电子和纺织行业是产品生命周期范式的例证。因此，在 20 世纪 60 年代和 70 年代，这些行业的跨国企业在产品生命周期的成熟阶段面临着成本（尤其是劳动力成本）上升和市场饱和的情况，被迫将部分或全部生产资源以及技术资源转移到东南亚的低成本地区。这种趋势得到了包括新加坡在内的东盟国家的热切回应。

东盟国家有三个共同特点，为跨国企业的投资创造了有利的环境。[6]第一个特点是马来西亚、印度尼西亚和泰国等国家拥有丰富的自然资源。第二个特点是尽管在方法和技术上有一些差异，但这些国家的经济思想基本上是相同的，他们都相信并实行务实的、以市场为导向的经济体系，政府对私营部门的干预极少。政府的任务是提供一套稳定、可预测的投资法规和政策。第三个共同特点是东盟国家年轻、具有远见卓识的人口。在所有东盟国家中，新加坡也许是最国际化的国家，它对跨国企业的开放程度最高。[7]毫不夸张地说，跨国企业构成了新加坡制造业的"支柱"。

外国跨国企业在新加坡追求技术卓越方面的作用体现在两个方面。一方面，它们是新加坡获得最新科技知识的重要渠道。从本质上讲，外国技术被政府视为克服国内局限的有效手段，如缺乏本土技术基础。因此，跨国企业对新加坡这样一个不具备高水平本土技术或工业管理能力的国家的优势在于，至少有可能将他们的一些特殊资产转移给本地制造商。达尔曼（Dahlman）和韦斯特法尔（Westphal）把它称为技术积累的过程。对于新加坡，最终的目标是要达到某种程度的技术掌握，两位作者将其定义为"通过不断努力吸收、适应和／或创造技术来有效利用技术知识"。[8]理论上来说，即使跨国企业决定加强对特定技术的控制，也必须通过企业内部培训和后向关联（如在当地采购）来传授管理能力和工人技能。因此，跨国企业越是愿意招聘本地管理人员和在本地采购，就会有更多学以致用的机会。这种知识的转移和传播对新加坡的经济发展至关重要。

另一方面，也许是新加坡独有的一个特征，在 20 世纪 80 年代及以后，跨国企业（而不是本土产业）有望成为推动国家高科技发展的先锋。新加坡希望通过这种方式实现跨越式发展并缩小技术差距。用新加坡政府前科学顾问 A. E. 潘恩伯格（A.E. Pannenborg）的话说，跨国企业是"新加坡最引人注目的资产"。[9]的确，新加坡成为跨国企业的"出口平台"，到 20 世纪 80 年代中期，跨国企业占据了 70% 的直接出口份额。在很大程度上，跨国企业控制着技术的类型和向新加坡转让技术的时间表。新加坡政府的理念是，通过高科技跨国企业的支持获得新技术的途径要比开展全面的研发活动更加便宜、快捷。然而，回顾过去，必须强调的是，在新加坡政府的主要发展战略中，外国跨国企业和技术引进的核心作用在很大程度上是"经济"而不是"技术"。

吸收外国技术

虽然有关跨国公司在 20 世纪 70 年代和 80 年代向新加坡技术转移和技术扩散的文献有限，本地和外国学者还是进行了一些研究。庄明雅（Chng

Meng Kng）等在一项涉及工业机械、精密设备、电气和电子行业的 65 家公司（47 家为外商独资企业，5 家为本地企业，13 家为合资企业，均于 20 世纪 70 年代和 80 年代初在新加坡成立）的全面调查中，对新加坡跨国公司技术转移的有效性得出了重要结论。[10]一个普遍现象是，在所有的跨国公司中，外籍人员无一例外地担任了高层管理职务。[11]他们主要是在公司总部和其他海外生产工厂积累了丰富经验的高级管理人员。本土化的管理职位通常是与人事、财务和一般行政管理工作相关。为了维护公司的声誉和口碑，外籍员工做了所有的关键决策并进行检查，特别是那些与成品质量有关的检查。[12]这在日本精密仪器行业跨国公司尤为如此。总的来说，在新加坡和其他东盟国家的跨国公司（尤其是日本公司）对其子公司的营销和财务方面的管理控制程度相对较高。[13]这些跨国公司对本土化和权力下放的限制在技术转移和研发活动方面产生了重要影响。

　　20 世纪 80 年代，与政府的期望相反，新加坡的跨国公司未能在产品设计、产品开发、工艺开发和创新技术等领域开展众望所归的研发。[14]陈坤耀（Edward Chen K.Y.）对中国香港的涵盖纺织品、服装、塑料和玩具以及电子行业的 529 家外国跨国公司和本地公司的研究也得出了相似的结论。他发现，"外国公司并不比本地公司更倾向于进行研发活动，尽管如果他们这样做的话，它们在研发方面的支出往往比例更高"[15]。由于提供了培训设施和技术转移，外国跨国公司确实加速了技术进步。[16]但是跨国公司都倾向于在本国进行关键的研发，包括基础研究，让外派人员担任决策职位，以及在协议中加入"保密"条款，来保持其对技术知识"关键"要素的控制。[17]因此，跨国公司与本地研究和技术机构之间的联系也"明显不重要"。[18]这与科学技术部 1978 年进行的一项调查的结果相吻合。调查发现，只有 51 家制造企业，占总数的 2%，从事了研发活动。这些活动更多的是为了产品或流程的调整、质量控制或营销策略，而不是针对新产品开发的基础或应用研究。[19]

跨国公司的业务对新加坡国内经济的前向关联和后向关联也很低，因为工业生产是以出口为导向的，没有强制性的国内采购规定。[20]大多数公司依赖于本土分包公司采购的原材料不足 25%，这表明本地分包商的技术能力水平较低。一些跨国公司还指出，新加坡国内制造的部件质量差，当地供应商不可靠。例如在新加坡的日本企业，从日本分包公司采购，还以相似的文化背景、工作态度、管理方式等因素为由，建立内部后向一体化。[21]最后，人们发现，跨国公司并没有充分发挥向本地员工和公司传授各种技能的作用。在一项对马来西亚外资电子公司的管理和技术技能转移的研究中，马克·莱斯特（Mark Lester）强调了三个制约因素：装配线操作占主导地位和缺乏复杂的生产流程、对新技术转移的控制以及由于跨国公司的外向导向而与国内公司建立的联系有限。[22]新加坡的情况也是如此。林愿清（Linda Lim Yuen Ching）在 1978 年对马来西亚和新加坡"自由"的外资电子公司的研究证实，生产人员的技能发展非常有限。[23]生产线员工大多是女性，是仅受过小学或初中教育的本地和外来工人。此外，装配工作的性质是具体的任务，如焊接、粘接和布线，只需要较低的技术来完成。一些跨国公司也因员工流动性大、缺乏积极性和受过培训的员工被其他公司挖走等因素影响而难以实施内部培训计划。[24]

一般来说，虽然跨国公司底层员工的技能发展很少，但"熟练和专业工人的培训似乎比非熟练工人的培训要多得多"[25]，与日本跨国公司的情况一样，这项任务是首先让所有专业人员和管理人员熟悉生产过程，然后对生产流程各个环节的技术人员进行培训，确保整个系统的顺利运行。[26]这一机制还得到了派驻新加坡的外籍工程师和外国专家的来访的补充。[27]在哈坎（Hakam）和张织云（Zeph-Yun Chang）对电子和计算机行业的20 家跨国公司（16 家外商独资企业、3 家合资企业、1 家本土企业）的研究中，也提出了同样的看法，技术的扩散是以受过培训的年轻的专业人员和管理人员离开跨国公司的形式进行的，他们要么被其他公司雇用，要么创建自己的高科技公司。[28] 他们的结论是，通过跨国公司，"良好的人力资源基础设施和提供技术升级激励的政府机构设置相结合，在向新加坡转移技能方面发挥了良好的作用"。[29]

虽然没有可以参考的数据，但哈坎和张泽云提到的附带效应充其量是很小的，因为通过实践学习的技能转移并不包括产品设计或流程开发。[30] 只有少数人真正"成功"地利用学到的知识和技能来发展自己的高科技企业。[31] 此外，如上所述，高级专业和管理职位仍然掌握在外籍人员手中。同样，美国跨国公司"不愿意雇本地员工，因为他们担心潜在候选人的能力和忠诚度"。[32] 即使在美国跨国公司和本地公司的合资企业内，由于所有权的原因，本地员工也没有受过培训，不能取代外籍员工。[33] 与其他东盟国家政府要求跨国公司用本地工人取代外籍人员的做法不同，新加坡在 20 世纪 80 年代对跨国公司的自由放任政策使外国专业人才持续不断流入这个城市国家。1980 年，这一增幅约为 15%；1981 年，这一增幅攀升至 35%～50%。[34] 这种对外国专业人才的依赖持续至今。

日本电子巨头索尼公司在 1986 年决定暂缓在新加坡的扩张计划，这表明了新加坡在 20 世纪 80 年代试图创建高科技产业基地试验的局限性。[35] 有人指出，新加坡还没有"培育高科技产业的适宜土壤"，而跳槽的盛行、缺乏尖端高科技材料的本土供应商以及工程技能人才的普遍短缺，更加剧了这一现实。[36] 日本的跨国公司因不愿将最先进的研发中心设在东道国而闻名。例如，时任马来西亚总理马哈蒂尔（Mahathir）公开批评三菱公司，因为在联合生产马来西亚本土汽车型号宝腾赛佳时，三菱公司没有将最新的汽车制造技术转让给当地合作伙伴。[37] 有趣的是，随着日本成为世界领先的制造国，国内的压力团体，如由京都大学教授高坂正尧（Masataka Kosaka）领导的"日本的选择"研究小组，正在积极劝说日本的跨国公司"通过主动向国际社会发布技术信息（如专利信息），为世界经济发展和进步做出贡献"。[38]

虽然独立研究表明，跨国公司并没有完全致力于在新加坡的技术跨越战略中发挥关键作用，但政府的消息人士却描绘了一幅更加乐观的成功前景。为了帮助作为跨国公司辅助产业的本地企业，新加坡在 1986 年设立了本地产业升级计划（LIUP）。通过这一机制，本土企业从跨国公司合作伙伴借调本地产业升级计划经理，通过这种实际支持来实现产业升级。他们还深入了解客户的采购需求，而跨国公司则受益于更高质量和更可靠的零部件。到 1993 年，本地产业升级计划已经促成 28 家跨国公司和 140 多家本地公司之间的密切合作。[39] 然而，该合作伙伴计划是否真正成功仍存在猜测，特别是在新工艺或新产品的开发方面，因为没有公开的官方数据。无论如何，我们可以概括地说，对于来自日本的公司来说，技术合作是扩大日本在该国纵向一体化程度的有益渠道，他们通过要求当地企业从日本技术供应商购买零部件或原材料来"捆绑"当地企业。相对而言，美国制造商更愿意转让"专有技术"，而不仅仅是进行"展示"。因此，摩托罗拉和惠普等公司是新加坡进行的开发创新产品研发项目的主要参与者。

建设科技人才队伍

1965 年，新加坡政府的首要任务之一是实施支持出口导向型工业化战略的国民教育体系。具有讽刺意味的是，英国作为殖民统治者做得不够，而新加坡政府却试图做得太多、太快。直到 20 世纪 80 年代末，新加坡的教育一直受到"过山车"效应的影响。许多改革和变革还没来得及巩固就被废除，新的改革又仓促推出，但又很快被取代。尽管 20 世纪 60 年代到 80 年代政府在教育上投入了大量资金，但这一时期的教育浪费问题仍然严重。[40] 在此期间，政府极少关注的另一个问题是，本地企业缺乏对坚持内部培训的承诺和投资。在日本和德国，成功的企业认为这种培训是一种继续教育形式，能提升员工的技能，而新加坡公司普遍不接受这种观点。

另一个未受到政府关注的关键问题是，教育制度未能对员工在技术培训和"蓝领"工作方面培养积极价值观和态度。直到 20 世纪 90 年代初，在改善职业或技术教育方面毫无建树。职业培训目的是为学术能力较弱的学生提供一种继续教育的形式。那些没有通过小学毕业考试和中学毕业考试的学生被引导到职业学院。与高度重视职业技术培训的韩国和德国不同，新加坡的教育体系未能树立同样的形象。职业学院成了未达到学术要求学生的"收容所"。职业培训的不受欢迎因为职业学院学生的犯罪和破坏行为进一步恶化。甚至有学生为了被赶出学院，故意犯下轻微罪行，与他们父母的愿望背道而驰。随着年轻人继续表现出对蓝领工作的抵触情绪，国家缺乏熟练的本地技术工人的危险变得显而易见。时任教育部长的李玉全（Lee Yock Suan，1992—1997）警告道："如果每个人都只渴望获得学历，但没有人知道如何修理电视机、机床或加工厂，新加坡将变得更穷。我们需要一支拥有广泛技术知识的世界级劳动力，以实现世界一流的生活水平。"[41]

频繁而混乱的教育变革对新加坡的科技人力资源发展产生了什么影响？为了与东亚的儒家传统保持一致，政府强调竞争性考试和对学问的尊重，不鼓励质疑权威的习惯。最终形成从学前教育到大学教育都以考试为导向、存在僵化缺陷的教育系统。最看重考试成绩。因此，家长和孩子都陷入了追求学术成就的竞争中。从意识形态上讲，这样的体系在传授共同的知识和技能，让学生在有压力的学习环境中坚持是有效的。也能促进社会和谐，培育训练有素、受过教育和服从管理的劳动力。然而，严格以考试为导向的系统往往会造成对死记硬背的依赖，这反过来又会扼杀独立性、创造性和分析性思维。此外，传统的、缺乏启发性的教学方法也阻碍了中小学生和大学学生创造性思维的发展。这种学习导向与政府试图建立科技创新型社会的努力不太契合。简而言之，直到 20 世纪 90 年代初，教育系统培养的是刻板的新加坡学生，他们缺乏科技创新所必需的几种素质，如对世界的广泛了解，对问题寻求新视角的好奇心，完成挑战性任务的耐心、坚韧和毅力，积极规划未来，创造或"动手改进"的普遍愿望。

新加坡劳动力发展的另一个关键问题是对工作和技能提升的自豪感和态度。尽管培训和再培训现在是国家议程上的一个紧迫问题，但直到 20 世纪 90 年代初，许多新加坡的非熟练和半熟练工人仍然不愿意接受任何形式的正式提升计划。早在 1980 年 8 月，李光耀就强调了新加坡工人的问题：

> 他们缺乏质量意识。我们的工人不像日本工人那样发现和预防有缺陷的产品，而是把质量控制交给质检员，让他们来把关……工人对其直接工作职责范围以外的事情不感兴趣，不主动维护公司的利益或财产……他们劝阻管理层引进必要的昂贵的高科技设备来提高生产力和减少劳动力。[42]

工人在学习新技能时面临哪些阻碍？对于工人抵制通过再培训提升技能的一个解释是历史和环境因素。殖民主义抑制了制造业文化的崛起。这种情况在 20 世纪 70 年代和 80 年代基本没有改变，当时由于政府支持跨国公司政策，本地工业被边缘化。多年来，大多数低技能工人在小型家族式制造企业中从事常规操作，这些企业在技术变革、更换陈旧机器或提升工人技能方面进展缓慢。因此，年长的工人对再培训的消极态度根深蒂固。这种态度反过来又阻碍了本地企业的技术升级。虽然技能可以通过培训课程获得或提升，但如果没有正确的态度，即使工人拥有技能，生产力也会受到影响。[43]

20 世纪 80 年代，新加坡努力成为技术先进的城市国家面临着一个关键问题：本土科学家和工程师供应不足。即使在现在，新加坡仍然严重缺乏能够引领国家完成技术变革的创新阶段的科学家和工程师。在 1990 年，每一万名新加坡工人中，有 114 人是合格的工程师，但只有 29 名科学家或工程师。矛盾的是，本地大学和理工学院科学与工程专业的学生人数从 1980 年的 20 305 人增加到 1992 年的 92 683 人。[44]因此，根据政府将新加坡转变为发达国家的政策，在 1980—1992 年，本地的学位和文凭课程的总入学人数增加了 300% 以上。[45]在整个 20 世纪 80 年代，科学与工程专业的大学毕业生人数也在增加，1980—1985 年和 1986—1989 年，工程专业的毕业生人数翻了一番。[46]鉴于政府大力支持提升高等教育，而且本地两所大学的科学与工程专业的招生人数不断增加，如何解释新加坡科学家和工程师的短缺？新加坡议会对这一问题进行了讨论并表示：

> 制约技术教育扩展的因素是合格受训者的数量，而不是对毕业生的需求或学位的提供……大学的工程系迅速扩张，却难以招满名额，录取了一些边缘学生，结果在随后五年的考试中不及格率很高……同样，在理工学院，即使在去年（1987 年），像机械工程这样绝不是冷门学科的课程，仍有剩余名额。[47]

"我们高等教育中最大的问题是选择攻读工程专业的女生比例很低"，这使得工程领域能力出色的学生短缺问题更加严重。[48]女生对会计和商业管理等课程更感兴趣。正如李显龙（Lee Hsien Loong）解释的那样：

> 这是一种强烈的文化偏见。女孩不选择工程专业，因为她们认为可能会弄脏手。但其实在电气工程领域，你的手是不会弄脏的。这个观念尚未深入人心。如果我们能改变这种偏见，我们将有一个更合理的大学本科生分配。[49]

可以认为，提供满足制造业需求的科学和工程专业毕业生及技术人才是本地两所大学新加坡国立大学（NUS）和南洋理工大学（NTU）以及理工专科院校的首要目标。为了满足技术文凭持有者的提升愿望，时任总理李光耀提议当时的南洋理工学院（现在的南洋理工大学）为理工专科院校毕业的学生保留 10% 的招生名额，让他们进入工程或硬科学领域。[50] 今天，这一政策仍在继续，许多优秀的理工专科院校毕业生有机会接受大学教育，有些甚至获得了博士学位。由于从海外大学回来的工程系毕业生的加入，工程师的队伍不断扩大。虽然这些毕业生的数量不详，但可以推测其数量很高，因为除了商业管理，工程是新加坡理工学院毕业生在美国、澳大利亚和英国等海外留学的热门领域。[51] 例如，1991 年，有 4 760 人前往美国的大学，1992 年，约有 4 392 名前往澳大利亚的大学，3 411 人前往英国的大学。[52] 科学与工程专业毕业生的增加与 20 世纪 90 年代参与研发的人力增加一致，从 1990 年的 4 329 名研究科学家和工程师到 1995 年的 8 340 名。[53] 这一显著增长得益于政府实施的更加开放的移民政策。新加坡对外国人才的结构性依赖，特别是在高技能领域，对政府计划转向知识经济产生了重大影响。政府认为其面临的挑战是生产率增长较慢以及创新和创业精神的缺乏。[54]

技术转移的局限性

跨国公司被新加坡和东南亚其他国家视为经济发展引擎的重要组成部分。用马丁·卡诺伊（Martin Carnoy）的话说，"如果跨国公司愿意把培训、教育和知识转让作为'交易'的一部分，以换取进入当地市场或获得其他当地资源的机会，那么跨国公司在某一国家的设立，就可以成为刺激新型生产和促进当地采用新方法的快速而有效的方式"[55]。尽管跨国公司基本上是以逐利为目的，但它们确实有助于像新加坡这样的贸易小国实现社会经济目标——广义上包括创造就业机会、技术和管理技能转让。1980年，时任教育部长陈庆炎（Tony Tan）发表了官方观点：

新加坡的经济成就很大程度上归功于跨国企业在制造、商业和金融领域的贡献。这些企业通过其国际网络，确保新加坡制造的产品能够进入世界市场。此外，还有其他好处。许多新加坡人现在在这些公司中担任重要的管理和技术职位。本地工业企业家和商人发现，跨国公司的存在创造了新商机，促进了市场的扩大，并为外国和本地合作伙伴之间的合资企业铺平了道路。这是一种富有成效的关系，随着新加坡进入下一个经济发展阶段，跨国公司将发挥更大的作用。[56]

显然，这些好处是以相当大的代价换来的。关于跨国公司运营影响的为数不多但很有价值的研究表明，跨国公司在技术转移，尤其是新产品开发和设计领域，进展甚微。高科技和研发往往保留在母国，基本上只有劳动密集型的生产过程在当地进行。但是，既然跨国公司来到新加坡的首要目标是盈利，为什么还要关心转移高科技的"技术知识"或者更重要的"技术原理"呢？对于这些跨国公司的基本盈利动机，吴庆瑞曾说过：

"这是一个可以接受的事实，因为它们不是慈善机构"。[57] 尽管跨国公司和本地公司之间创造了一些"新商机"，但大多数的联系似乎是"跨产业"的，本地公司提供支持性服务，如港口设施、仓储、分销业务、商业和技术援助。[58] 因此，撇开这些联系不谈，跨国公司和本土企业基本上是"在各自的利基领域共存，减少彼此产生竞争的可能性"。[59]

此外，政府完全依赖跨国公司引领国家的高科技发展的做法，与新加坡实现技术自力更生的长期计划相矛盾。由于跨国公司在经济中的关键作用，任何实现这一目标的举措都很缓慢。只要他们能盈利，能自由地把资金汇回母国，并从任何地方进口产品组件，跨国公司实际上可以选择在自己的飞地内运营。在任何情况下，跨国公司都对"回旋镖"现象保持警惕；也就是说，高科技的广泛转移和扩散将加强像新加坡这样的经济体，使其变得足够强大，可以进行出口并与他们竞争。当新加坡在 20 世纪 80 年代中期陷入严重的经济衰退时，主要的跨国公司"至少将其部分业务迁往其他地方……有的关闭了在新加坡的工厂，将其业务整合回母国"。[60] 尽管他们声称"其中大部分公司保留或转向更高价值的业务"，但掏空制造业的危险是实实在在的和令人担忧的。同样明显的是，只要前者决定尽量不与后者进行商业和社会接触，跨国公司和本地公司之间在市场控制和技术升级方面的差距就不会缩小。高科技的进步需要发展和整合三个要素：高水平的科学技术、大胆的创业精神和大量的风险投资。[61] 不幸的是，在 20 世纪 70 年代和 80 年代，当地企业严重缺乏研发和雄心壮志，面对高科技时有恐惧情绪，而政府未能有效地应对这些问题。

虽然政府很少承认这种情况，但国家主权问题仍然至关重要。特别是在发展中国家，担心大量跨国公司的存在会削弱政府制定或执行公共政策的能力，这种担忧也不可小觑。一个例子是外国政府或外国跨国公司对政治活动的无端干预。虽然证据有限也没有公开宣传，但政府实际上拒绝了几家外国企业的进入，这些企业坚持要求保证其附属工厂不成立工会。[62] 无论如何，鉴于政府的权威性质，外国投资者都很清楚，他们应当远离新加坡国内政治。新加坡政府机构优先考虑维持一个没有腐败的社会，"有时确实把外国投资者吓跑了"，"投向了管控更宽松的马来西亚的怀抱"。[63] 用当地经济学家林朱乔（Lim Joo Jock）的话来说，由于新加坡的经济表现很大程度上取决于跨国公司的存在，他们的经济实力和技术实力会严重造成"本地企业处于从属地位"的印象。[64] 新加坡政府在 1991 年的《新战略计划》（*The New Strategic Plan*）中坦率地承认，以外国跨国公司为先锋的出口导向型工业化存在弱点：

新加坡的许多跨国公司主要从事生产性活动。除此以外的研发、市场营销等业务功能通常在其他地方进行。鉴于更多创新的需求，一些新加坡公司认真尝试推动研发，推出创新产品。然而，目前这种尝试相当有限，需要在经济发展的下一阶段才能取得重大进展。[65]

全球市场保护主义不断加剧，以及持续严重依赖跨国公司引领出口制造和高技术转移状况，也会严重抑制国内工业创业者的培养和本土技术的扩大。[66]到 20 世纪 80 年代末，本土制造业仍然没有显示出独立于外国技术的迹象。此外，新加坡缺乏研发传统，增加了对跨国公司的技术依赖。因此，在许多观察家看来，新加坡仍然是"富裕国家的一个加工厂"。[67]

在 20 世纪 90 年代中期的案例访谈中，人们还积极讨论了外国技术的核心作用及其对新加坡发展本国技术基础的影响。在 20 世纪 90 年代中期，[68]杜邦新加坡公司的团队负责人指出，新加坡的制造文化"秩序井然，纪律严明"，这些都是外国跨国公司喜欢的特点。因此，经济发展局调整了制造业吸引外资的模式，以便利用新技术的引入，使技术扩散到本地企业。一位学术界人士认为，由于跨国公司建立了培训和业务联系，所以它们是本地科技创业家的最佳来源。在大多数情况下，像飞利浦和惠普这样的大型跨国公司可以向当地工程师转移和扩散技术与技能，因为它们拥有自己的内部研发中心，雇用了大量研究人员。更重要的是，这些公司通过提供激励措施来吸引顶尖的工业研究人员留下来，例如使其在研发部门内的快速晋升等。一位半导体行业的中国台湾科学家解释说，新加坡需要在技术上依赖跨国公司，"因为它们可以扩大技术基础……最终促进更多的创业和本土技术竞争"。然而，正如杜邦公司科学家所警告的，新加坡的技术跨越模式本质上是为了"吸引知识产权、知识资本进入新加坡……你的目标非常崇高，但你是否创造了合适的环境？这就是问题所在，也是真正的争议所在"。

　　受访者也热切地回答了在高科技跨国公司存在的情况下，新加坡如何有效发展本土技术的问题。一位任职于美国国家半导体公司的新加坡科学家认为，新加坡要实现本土技术创新将取决于"高科技公司是否愿意发展更多的设计团队"，其中不仅包括设计工程师，还包括提供重要支持服务的非技术人员。他强调，团队合作、企业文化和工作环境是技术和技能成功扩散的关键因素。这位科学家还指出，跨国公司母公司通常会将最新研发项目保留在总部。以自己公司为例，新加坡工程师虽然有机会与美国总公司的团队合作，但直接参与尖端研究项目的可能性微乎其微。新加坡工厂最多只能承担重大项目的"一小部分"。一位研究团队负责人也有同样的经历。尽管有机会与公司的瑞典合作伙伴在研究项目中合作，但她几乎没有正式渠道获得有关方法和技术的最新消息。只有通过工程师间的私下社交互动，她才能更多地了解"技术知识"和"原理"。两位接受采访的创新者中的一位对跨国公司在提升新加坡本土技术基础中的贡献持更为批判的态度。他表示，顺应国家科技政策的目标，跨国公司总是欢迎国家科学技术局（新加坡科技研究局的前身）提供额外的资金和宣传机会，从事一些"搭便车"的技术合作并对现有产品进行重新包装，使其看起来科技含量更高。实际上，这些产品并没有什么科技含量。中国台湾地区也可以生产同样的产品。他补充说，不幸的是，新加坡政府只是口头上支持本土高科技产业的成长和发展，而实际上未尽全力。然而，惠普的一位首席研发经理坚称，跨国公司确实与生产零部件的本地公司进行了密切的磋商。为了使当地公司达到技术规范和标准，技术知识和技能也会转移到当地公司。

　　与跨国公司在技术转移中的作用密切相关的是外国科学家和专业工程师的参与和贡献，这些外国引进人才可以弥补科学技术领域研究人员的匮乏。然而普遍认为，虽然他们被视为知识和技能的来源，但政府不应过度依赖他们。杜邦新加坡公司的科学家解释说，"如果新加坡不能提供有竞争力的环境来满足他们（外籍人士）的需求，不仅是物质上的，还包括精神上表达科学发现的自由以及对其工作的认可，他们就会离开"，去更好的地方，比如马来西亚。还有一个常见的谬论，财政支出与科学技术进步之间存在直接联系。新加坡无法通过金钱奖励吸引外国专家立刻创造出科学或研究文化。新加坡积极吸引来自世界各地（尤其是中国）的科学家和研究人员，也有其自身的局限性，正如一位化学界的学者所说，"如果没有科学文化，很难吸引优秀人才……金钱不是万能的。永远无法得到顶尖的科学家，因为他们认为来到新加坡后，他们的科学成就不会有很大进步。所以我认为薪水不是真正的问题。"20 世纪 90 年代，新加坡两所主要大学提供的科学技术研究生奖学金和研究职位经费吸引了源源不断的中国申请者。但新加坡并没有获得精英，因为最优秀的人才往往倾向于前往美国和英国。一位被政府称为本土技术创新典范的创新科技有限公司的研发经理补充道，外国研究人员往往只贡献一部分他们最优秀的成果，否则这些知识和技能的受益者可能会成为他们的竞争对手。外国研究人员大多薪酬丰厚，但一段时间后，他们的贡献往往会减弱，因为他们面临着在规定时间内取得成果的压力。他们也熟悉了新加坡"朝九晚五"的工作文化并效仿。但科学技术研究需要耐心、决心，最重要的是愿意牺牲个人时间。该经理简要地总结了情况："我们得到的不是最优秀的人才，最优秀的人才不会来新加坡。"

工业革命抑或是"无技术"工业化？

在所谓的"第二次工业革命"重组计划下，新加坡的经济增长受到 20 世纪 80 年代中期严重衰退的打击。[69]1985 年，新加坡经济在经历了十多年的快速增长后，实际下降了 1.8%，1986 年仅增长 1.9%。[70]为了使经济摆脱低迷状态，恢复国际竞争力，1985 年，新加坡贸易与工业部成立了高层经济委员会。1986年，经济委员会报告书建议从强大的工业基础转向更加多元化的、主要是第三产业的经济。随后，1991年推出"战略经济计划"。

新加坡政府吸取了一个重要的教训，"把所有发展的鸡蛋放在一个篮子里"是错误的。[71]制造业的技术升级的步子迈得太快，同时，对传统服务业的关注不够。[72]1981年，一个美国顾问团就对新加坡政府攀登技术阶梯计划中的这一产业政策缺陷发出警告，认为该战略过于雄心勃勃，进军高科技领域的尝试过于仓促，时间太短。[73]建议政府应通过在新加坡国立大学内设立实验室和研究部门来重点关注人才培养的质量。[74]

在20世纪80年代前半期，政府迫使外国和本地投资者从劳动密集型业务迅速升级为资本密集型和高科技业务。1986年，在部长级领导带团前往主要外国投资国家的推介以及国际出版物上刊登广告的支持下，新加坡经济发展局启动了一项积极、高调的计划，吸引高技术含量的新投资。[75]国家寻求高科技项目是因为这意味着能更多地利用当地专业和熟练的人力资源。[76]同时，为了适用即将引入的新技术，经济发展局呼吁本地企业支持经营范围和产品质量的产业升级。[77]不幸的是，这种务实的产业政策与新加坡当时的技术能力并不相符。技术人才储备已经十分有限，政府对新的外国投资者的公开邀请意味着与本地企业对技术工人争夺更加激烈。在此过程中，面临落后窘境的不是跨国公司，而是本土企业，因为他们没有必要的资本、"技术知识"或政府的支持来改善自身状况。因此，那些本来在劳动密集型工业化阶段就举步维艰的国内工业企业，在迅速转向高科技工业化时进一步受阻。[78]1985年年初，中文媒体的一篇社论就让政府了解了小型私营企业的困境：

> 政府参与私营经济活动和垄断性公共事业，确实对新加坡经济增长和社会建设做出了巨大贡献。然而，私营部门经常抱怨政

府机构参与私营经济活动时存在不公平竞争。此外，政府的主动干预也或多或少阻碍了新加坡创业者的成长。我们退休的经济顾问温塞缪斯（Winsemius）博士去年初访问新加坡时坦言，新加坡今后应该鼓励创业者成长，让他们更充分地发挥创业精神。[79]

文章接着指出，正如日本、韩国、中国台湾地区和中国香港地区的情况一样，为了让当地私营企业升级到高科技领域并成长为跨国公司，"政府创造更有利的条件至关重要"。[80]此外，政府的高科技政策也让本地商人感到困惑，他们要求政府重新审视产业战略，[81]特别是本地企业家希望对"高科技"和"高附加值"产业的含义有更明确的指导方针。他们还要求国家放慢技术升级的步伐，政府与本土企业建立更密切的关系，促进企业更多地参与高科技项目。[82]

正如向政府提交的报告中所述，当地企业特别委员会主席重申，"就私营企业而言，我们了解酒店、银行、贸易、养猪……但我们不知道什么是高科技"，并且利用压力来加速高科技计划是行不通的。[83]报告进一步强调，本土劳动密集型产业衰退速度远远超过高新技术产业的增长水平。政府鼓励无法融入高科技政策的本地企业搬迁到其他国家。显然，政府没有认真考虑"搬迁带来的实际问题，例如其他国家的工业化和经济政策、受影响人员的失业以及外汇问题"。[84]政府在制造业转型中所表现出的咄咄逼人的态度让人想起达尔文式社会中的生存意识形态。《商业时报》（Business Times）简明扼要地指出："这种动议，实际上就是直截了当的警告，即那些无法适应政策浪潮或者随波逐流的人将不得不沉没。"[85]从统计数据来看，20 世纪 80 年代中期的经济衰退导致 1984 年有 10 044 家、1985 年有 9 992 家企业倒闭。[86]

那么，新加坡第二次工业革命的"革命性"体现在什么地方呢？新加坡经济并没有经历任何类似"工业革命"的情况。没有证据表明本土技术工业创新持续加速发展。事实上，日本学者义原国雄（Yoshihara Kunio）曾断言，新加坡不能被归类为新兴工业化国家，因为它没有本土技术基础，其增长严重依赖服务业；新加坡的工业化可以用"无技术"来形容。[87] 义原国雄认为，与日本不同，新加坡国内制造业资本家可以直接进口批量精密机械立即投入生产，并且，

> 如果员工不会操作，可以在工厂建成前聘请外国工程公司进行必要的培训；如果这还不够，可以将聘请的外国技术人员留在工厂。如果这些都没有，当出现问题时，工厂可能不得不依赖工程公司或机器供应商，因为国内工厂的技术人员可能缺乏进行复杂维修的能力。[88]

从某种程度上来说，义原国雄对新加坡工业化的观察是正确的。新加坡历史上是作为贸易转口港发展起来的，无论是在制造设备的能力还是动力方面，新加坡从未拥有有效的国内资本品产业。建立资本品产业与发展本土技术能力之间存在着联系。内森·罗森伯格（Nathan Rosenberg）解释了这种联系对于发展中国家的重要性：

> 资本品的生产者有经济激励，因此有采用创新的压力。实际上，创建资本品产业是将采用新技术的内部压力制度化的重要途径。[89]

制造业对新加坡国内生产总值的贡献从 1959 年之前的不到 10% 上升到 20 世纪 80 年代的平均 25% 左右，机械和运输等非传统领域也相应受到重视。然而，正如萨拉赫丁·艾哈迈德（Salahuddin Ahmed）所说，新加坡未能发展出真正的资本，即工程产业或本土发明部门。[90] 首先，尽管

在 1990 年，机械和运输设备估计占新加坡国内出口的 48%，这类制成品主要包括办公机器、发电机、电讯配件、冰箱、空调和通风机械，而不是传统的生产资料；其次，产量以机械和运输设备零部件为主，而非成套生产；再次，跨国公司不愿意将复杂的工程和设计流程引入新加坡，就证明新加坡"第二次工业革命"的成功是有限的。[91] 此外，本地制造商往往只是进口，而很少尝试设计和制造机械，因为他们"以前是贸易商，既没有接受过技术培训，也对技术问题不感兴趣——他们感兴趣的只是挣快钱"。[92] 因此，新加坡未能培养出一批致力于生产本地设计的资本品的关键技术企业家。然而，国内工业企业家核心规模较小并不意味着他们不具备创新能力。创新还可以体现在这些企业家为了保持竞争力，通过不断寻找和购买最新技术来进行技术升级的愿望和热情。然而，除了对技术创业普遍缺乏兴趣之外，20 世纪 90 年代，新加坡的本土科学家、工程师和技术人员数量有限。他们常常被技术先进的外国跨国公司及其优渥的工作环境所吸引。

然而，有人可能会说，义原国雄对新加坡工业化的解释存在偏见，并且深受日本经验的影响，他对资本主义抱有刻板印象。最近的一些研究，特别是加里·罗丹（Garry Rodan）关于新加坡工业化的研究表明，东盟经济体之所以蓬勃发展，正是因为它们拥有充满活力的资本主义体系（而不是义原国雄认为的资本主义等同于一种"经济活动"形式）。尽管如此，义原国雄对新加坡国内工业家作用的评论为韩国和中国台湾地区的同行提供了一个有价值的参考。与新加坡一样，这两个新兴工业化经济体也被义原国雄称为"日本代理商"，在很大程度上依赖于日本的技术和纽带。[93]

韩国和中国台湾地区的经济增长来源于转向知识型产业，私营部门的本土企业家成为经济发展的先锋。到 20 世纪 90 年代，这两个经济体都在通过研发实现技术创新方面迅速迈进。用爱丽丝·阿姆斯登（Alice Amsden）的话来说，韩国人正在转变自己，"从外国技术的学习者或借用者，转变为新产品和新工艺的创造者"。[94] 韩国和中国台湾地区还加强了与外国高科技产业的正式联系。例如，台翔航太工业股份有限公司与英国宇航公司合作，推动该地区进入航空技术的前沿。[95]自 1987 年以来，韩国两大财阀（三星和 LG 集团）在海外建立了设计或研究部门，加强技术基础建设。[96]韩国在 1994 年生产了 240 万辆汽车，排名上升一位，成为世界第五大汽车制造商。[97]

在日本密切的技术援助下，尽管范围和规模要小得多，新加坡也成功地发展了自己的造船和海洋工业。[98]在本地造船和工程公司的引领下，新加坡发展了自己的技术，具备建造和维修商船和海军船舶以及设计和制造军事工程设备的能力。[99]与此同时，新加坡港正在迅速实现设施自动化，以便将自己转变为一个适合服务这个城市国家的 21 世纪新大型港口。[100]然而，在 1985 到 1986 年的经济衰退期间，新加坡比其东亚竞争对手韩国和中国台湾地区遭受了更严重的影响，这一事实表明发展可以与全球竞争的本土高科技资本品产业的重要性。

最后，麻省理工学院的埃尔文·杨（Alwyn Young）在关于中国香港地区和新加坡全要素生产率增长的研究中表明，1970 年后的 20 年间，中国香港地区人均产出增长中有 56% 来自全要素生产率的提高，而新加坡的全要素生产率同期下降了 6%。[101]总体而言，1970—1990 年，全要素生产率增长对新加坡产出增长的贡献为 -1%。这意味着，首先，新加坡的产出增长主要来自资本积累；其次，"虽然技术变革对中国香港地区的经济增长做出了重大贡献，但它对新加坡经济增长的贡献却几乎为零"。[102]埃尔文表示，尽管新加坡的"产业定位"政策本身并没有错，但政府应该减缓新产业推动速度。由于国家一直致力于发展新产业，当地企业在转向更复杂的技术之前，没有时间真正掌握一项技术。

埃尔文的研究明确表明，虽然新加坡经济在 1966 年至 1990 年间以每年 8.5% 的速度增长（是美国的 3 倍），但这种增长"奇迹"更多地归因于可计量投入的增加，而不是技术进步带来的效率提高。换句话说，经济发展是通过调动资源，特别是资本存量和教育来实现的。这就是说，与美国或日本的竞争性行业通过技术创新来提高效率不同，新加坡企业在很大程度上依赖购买新技术来提高生产率。而且，几十年来，政府利用国内储蓄对实物资本进行了大量投资，根据埃尔文估计，这一投资占国内生产总值的比例从 1960 年的 9% 上升到 1984 年的 43%。[103] 令人担忧的是，仅仅增加投入，而不提高效率，必然会导致收益递减。用斯坦福大学经济学家保罗·克鲁格曼（Paul Krugman）的话来说：

> 即使没有经过正式的增长核算……新加坡的增长很大程度上是基于无法重复的一劳永逸行为变化。在过去的一代人中，就业人数几乎翻了一番，它不可能再次翻倍。受过部分教育的劳动力已被绝大多数拥有高中文凭的劳动力所取代，不可能未来的一代新加坡人大部分都获得博士学位。无论以何种标准衡量，40% 的投资份额都高得惊人，70% 的投资份额则是荒谬的。因此，可以立即得出结论，新加坡在未来不太可能实现与过去相当的增长率。[104]

总而言之，自20世纪60年代末以来，新加坡的出口导向型制造业得到了跨国公司的大力支持，当时他们正寻求更便宜的离岸生产基地，这是一个机缘巧合。20世纪70年代，经济的突飞猛进主要是由劳动密集型技术的扩散推动的。到了20世纪80年代，根据政府的产业结构调整战略，制造业的发展重点集中在采用更先进的工业技术上。尽管持续的工业扩张主要是通过支持跨国公司的政策实现的，但经济的快速增长是以牺牲本土技术基础为代价的。通过外国跨国公司的支持进行的技术转移和扩散是有限的。作为一个非常开放的经济体，严重依赖外部力量，并面临来自东盟邻国日益激烈的竞争，新加坡继续依赖外国公司转移更先进的工业技术，必须确保投资环境有利于外国投资者，包括已经在该国活跃的投资者。[105]

米尔扎·哈菲兹（Mirza Hafiz）的评论更为直接，他表示"当然，正是这种担忧，让人民行动党匆忙地投入跨国公司的怀抱"。[106] 然而，要成为高科技和全球化竞争中的有效参与者，新加坡必须拥有丰富的科技人才、卓越的技术基础设施，以及为本土技术企业家提供具有竞争力和有益回报的投资环境。20 世纪 90 年代，新加坡经济规划者认识到跨国公司驱动的工业化未能培育本土技术基础，因此积极启动了将研发文化制度化的战略。

第四章

国家干预和技术变革

　　随着全球经济一体化的不断加深，市场竞争日益激烈。技术已成为核心竞争力量。与传统的大规模生产技术不同，自 20 世纪 90 年代后期以来，经济发展的重心已经转向提高生产率、优化生产质量、快速推出定制或半定制产品以及提供优质售后技术服务等战略领域。这些变革对各国提出更高要求，需要迅速应对市场变化。同时，这些变革也暴露了各国社会经济结构的薄弱环节和不平衡之处，如教育体系的不完善，政府、行业、大学之间联系不足，研发政策不合理，技术基础设施效率低下，以及社会文化观念与技术变革的不适应等问题。这些趋势不仅对美国和日本等国家产生影响，也对新加坡等后起之秀提出了更高要求。这个小型贸易国家表现如何？本章将深入研究新加坡政府自 1980 年以来为创建科技环境所做的努力，并分析与此发展相关的政策和问题。这一讨论是在全球形势不断变化的背景下进行的。

20 世纪 80 年代的国际和区域形势

20 世纪 80 年代，东亚国家在人均国内总产值增长方面取得了显著成就，远远超过发达国家。具体而言，东亚国家在 1988 年实现了 9.3% 的增长率，而发达国家只有 3.5% 的增长率。[1] 作为亚洲主要的经济大国，日本的成功产生了所谓的"雁阵"模式。这一模式表明，东盟国家（新加坡除外）和中国在劳动密集型、低技术产业逐渐赶超东亚新兴工业化经济体或"四小龙"，而东亚新兴工业化经济体则在高技术和知识密集型产业上实现了对日本的赶超。到 20 世纪 90 年代初，东亚新兴工业化经济体，包括韩国和新加坡、中国台湾地区、中国香港地区逐渐成了微电子、计算机和电信设备等较成熟消费产品的主要出口地，这一趋势为东亚新兴工业化经济体与发展中国家，特别是东南亚发展中国家之间的关系注入了新的活力。

此外，消费品出口的扩大充分体现了东亚新兴工业化经济体在研发领域取得领导地位的坚定决心。美国作家丹尼尔·格林伯格（Daniel Greenberg）对这种日益增长的科学和技术力量发表评论：

> 亚洲（特别是日本、中国、印度、韩国和新加坡）在科学和工程领域正不断投入资源并展现出极大的热情，这一趋势预示着在后冷战时代的全球竞争中，世界市场的竞争将更加激烈。并且这些国家和地区均致力于从低成本生产向提升"基于知识的创新产品和工艺"的本土设计能力转变。同时，随着美国进口先进设备的增加，竞争加剧的长期前景将进一步凸显。[2]

亚洲国家（日本除外）在科学和工程以及出口导向型增长方面的投入具有一定的优势，这些优势在 20 世纪 80 年代和 90 年代初尤为显著。与北美、欧洲各国和日本相比，亚洲国家的劳动力成本较低。此外，受美国军事力量保护的开放的国际贸易秩序也提供了有利的外部环境。然而，到 20世纪 90 年代后期，随着获取新技术的难度越来越大以及国际贸易中可能形成的贸易集团趋势，亚洲国家拥有的优势逐渐减弱。由于新技术生命周期迅速缩短，以及发达国家企业和政府为应对东亚新兴工业化经济体的竞争压力而制定的战略和政策，市场和技术准入日益受限。[3]

与此同时，国际贸易保护主义愈演愈烈，特别是在美国等发达国家背负巨额外债和出现巨额贸易逆差的情况下。世界贸易保护主义抬头有两个主要因素：一是经济合作与发展组织（OECD）国家之间，特别是美国和日本之间严重的贸易失衡；二是防止东亚新兴工业化经济体的技术密集型产品进一步"倾销"。[4]全球经济的不确定性体现在持久的关贸总协定乌拉圭回合谈判（1986 年 9 月启动）和努力加强经济贸易集团建立，如亚太经济合作组织（APEC）、东亚经济集团（EAEG）、北美自由贸易区（NAFTA），以及马来西亚提出的涵盖日本、中国、东亚新兴工业化经济体和东盟的东亚经济核心论坛（EAEC）设想。冷战的结束使得东欧加入了经济竞赛。这些国家或许能够在发展的初期采用东亚新兴工业化经济体行之有效的战略，并在未来成为世界经济舞台上的重要参与者。[5]

20 世纪 80 年代中期以来，亚洲经历的一个显著变化是日本中小企业纷纷向东亚新兴工业化经济体和东盟国家转移。这一转变反映出日本已经进入劳动力成本和工人积极性方面不再具有优势的经济发展阶段。自 20 世纪 80 年代末以来，受日元急剧升值的影响，日本企业为了保持竞争力，不断将生产转移到海外。已故索尼公司董事长盛田昭夫曾指出，这种资本外流对日本竞争精神构成了"前所未有的挑战"，若不妥善应对，"可能导致日本国内制造业基础的萎缩"。[6]资本外流的另一个因素是日本企业希望更靠近其快速扩张的亚洲市场，尤其是中国市场。[7]这些变化为 20 世纪

90 年代东南亚的经济增长注入了动力。包括新加坡在内的该地区国家迅速升级了技术基础设施，以便与日本不断增长的投资（尤其是在新技术领域）实现紧密对接。

　　20 世纪 80 年代的事态发展显示，来自新加坡东南亚邻国的竞争日益激烈。印度尼西亚政府在维护国家利益的框架内，采取一系列新的放松管制措施，改善国家的投资环境，同时鼓励国内外企业向中高技术产业生产转型。[8] 为了改善当时 70% 的出口需经由新加坡办理的状况，印度尼西亚在巴淡岛（Batam Island）建立了一个港口，以"逐步实现不通过新加坡直接处理出口的目标"。[9] 马来西亚也迅速加入亚洲新兴工业化经济体的行列，期望到 2020 年成为发达国家。[10] 马来西亚实施的"1986—1995 年工业总体规划"（The Industrial Master Plan 1986—1995）标志着国家采取包括提升本土技术能力等措施，促进制造业的发展。[11] 槟城（Penang）似乎正崭露头角，从"小兄弟"和"沉睡之地"转变为繁荣的制造业天堂，取得了惊人的进展，促使新加坡时任总理吴作栋发出警告，称这只即将崛起的"老虎"正迅速赶上新加坡。[12] 当美国磁盘驱动器制造商昆腾国际公司（Quantum Corporatio）决定与美国其他主要磁盘驱动器制造商希捷（Seagate）和康诺公司（Connor Peripherals）一起在槟城州建立全球"再制造"工厂时，吴作栋的观点——"新加坡的许多活动也可以在槟城完成"得到了印证。[13] 槟城岛上熟练又相对廉价的劳动力也吸引了新加坡制造商将低技术制造活动转移到该地区或者扩大生产规模。[14]

　　新加坡国内制造业的"空心化"趋势，使来自东盟国家的新挑战变得更为复杂。尽管政府持有不同看法，但随着本地和外国投资者将制造业务迁出新加坡，资本外溢现象一直存在。[15] 日本商工会议所（JCCI）对新加坡 400 家日本制造商中的 148 家进行调查，结果显示，超过 1/3 的企业计划在 1993—1996 年期间将其劳动密集型业务转移到邻近马来西亚柔佛州（the state of Johor）和印度尼西亚廖内群岛（Riau Islands）。[16] 留在新加坡的企业中，只有约 20% 的企业计划通过投资更先进的高科技生产设备来进行产业升级。[17]日本商工会议所秘书长解释道，这种资本外溢的主要原因是"由于劳动力短缺和工资增长，新加坡已无法再维持低技术制造业"。[18]值得关注的是，除了经济挑战外，新加坡的生存和繁荣也高度依赖于地缘战略环境。菲利普·雷尼耶（Philippe Regnier）强调："是的……这个城邦永远不要忘记，无论是自身行动还是邻国造成的区域环境关系的中断，都可能破坏决定其辉煌发展的地缘政治条件。"[19]因此，新加坡领导人始终高度重视妥善处理新加坡与邻国的关系。

20 世纪 90 年代，新加坡与其他东亚新兴工业化经济体和东盟地区经济体之间竞争加剧。时任新加坡总理吴作栋曾以"被老虎追赶的危险"作类比道："在现阶段的发展中，我们就像被老虎追赶的人，前方是险峻的峭壁。老虎正在迅速逼近，但峭壁很难攀爬。"[20]对此，李光耀则表示："这不是一个静态的世界。实际上，即便去年你赢得了比赛，并不意味着今年你还能获胜。每一天都是新竞赛的起点。"[21]如前一章所述，韩国和中国台湾地区对全球变化反应迅速。在出口驱动型经济增长和政府注重研发的政策推动下，韩国的三星和 LG 两大商业集团迅速实现了国际化。[22]为应对外部压力，他们在美国和日本建立或收购海外研究机构和"监听站"。由于拥有高度开放的经济，无论经济增长蓝图规划得多么周密，无论家长式威权政府对整个社会的控制多么有效，新加坡吸引国际资本产业政策能否取得成功，很大程度上取决于不断变化的世界格局。当新加坡希望通过国际资本实现技术自力更生时，这种认识尤为重要。进入 20 世纪 90 年代，新加坡工业化进程站在了一个关键的十字路口，必须做出谨慎的规划和决策。对于这个城邦来说，发展具有国际竞争力的制造业作为国家长期发展和可持续经济增长的基础是至关重要的。但是，国际贸易和高附加值商品生产的成功在很大程度上取决于产品或工艺的独特性或差异化。这种独特性或差异化主要来源于研发和先进制造技术的应用。

研发和国家目标

众所周知，国家在各种形式的技术变革中发挥着核心作用，研发工作对公民来说极其重要。通过组织满足创新需求的学术研究，开拓新科学产品市场以及促进本土产业的升级，国家能够创造有利于培育产业创新潜力的环境，并鼓励企业涉足高商业回报领域，从而在刺激技术工业创新方面发挥主导作用。[23] 国家采取的科技政策路线和风格，显然受到历史和人们对科学技术的传承态度的深刻影响。在 20 世纪 90 年代以前，新加坡的科学和技术从未在历史中占据重要地位。即使在 20 世纪 70 年代，国家的首要政治议程也是在一个高度动荡的地区实现国家生存。这种缺乏传统的科学和技术经验情况对新加坡的技术政策文化产生了深远的影响。

既然认识到科学和技术在实现国家目标中的重要性以及研发在推动工业发展过程中的不可或缺的作用，新加坡政府为何在 20 世纪 80 年代后期才开始高度重视研发，而不是更早些时候呢？是什么因素激励了政府领导人？从表面上看，答案似乎是显而易见的，即随着世界经济格局的不断变化，技术进步成了提升新加坡竞争地位的关键。然而，实际情况可能比表面现象更为复杂。

通过深入研究跨国公司副产品效应，我们发现研发方面的高科技知识和技能很少传播和扩散到本地企业。还有人强调，新加坡的工业化并非建立在本土制造业部门扩张的基础上。尽管新加坡已经成为跨国公司的主要运营中心，但本地企业家进军制造业进展缓慢，更不用说研发投资了。政府对重组计划的实际情况有着清醒的认知，特别是如何利用跨国公司引领国家走向卓越技术的道路这一点。事实上，政府承认他们迫切需要在工业战略中采取一些"创新方法"。[24] 经济规划者还认识到，新加坡经济经历了重要的发展阶段。据《海峡时报》报道，"从 20 世纪 60 年代作为传统的区域港口和配送中心，到 20 世纪 70 年代成长为国际制造和服务中心，新加坡现在正着眼于发展成为一个以科学为基础的制造和知识密集型技术活动中心。"[25]

从外部来看，世界经济的迅速全球化催生了以新的战略优势来源为特点的全新的竞争模式。引用莱斯特·瑟罗（Lester Thurow）的观点，20 世纪是"利基竞争的世纪"，而 21 世纪是"正面竞争的世纪"。[26] 在此背景下，一个国家的比较优势，过去主要基于要素禀赋，现今逐渐演变成人们的创造力，国家的研发投入成为关键因素。瑟罗特别强调工艺技术的核心地位。[27] 当新加坡的低劳动力成本比较优势被技术革新冲击时，新加坡的出口导向型工业化战略成为这种新经济游戏的受害者。例如自动化和机器人技术的广泛应用可以轻而易举地抵消廉价劳动力的成本优势。正如时任总理吴作栋坦诚地指出，技术革新不仅推动了跨国公司建立离岸业务，从长远来看也可能破坏出口导向型工业化模式。[28] 为了应对新的挑战，新加坡必须转向"高科技"工业化并大力推动研发。

在新加坡政府推行清晰的国家科技政策的过程中，面临来自竞争对手东亚新兴工业化经济体（尤其是韩国）的迅速技术转型所带来的压力，这种技术转型对新加坡这个城市国家产生了催化作用。此外，到 20 世纪 80 年代中期，泰国和马来西亚等东盟国家已经制定了利用科技促进经济增长的国家蓝图。因此，可以说新加坡在 20 世纪 80 年代末的科技发展高潮在某种程度上是基于政治考量的结果，在意识形态层面强调了维持国家经济竞争力的紧迫性。这与国家对生存、追赶、卓越和保持领先的强烈愿望有关。然而，这种执着比表面上更为真实，从不断强调需要适应和直面新挑战的政治言论中可以看出。正如李光耀本人所言，"如果满足于现状，无法或不愿意随着时间的推移而改变、不愿意随着技术的进步而调整，一直停滞不前，以为世界已经承认我们第一并将永远是第一，那么我们将错失与世界同步发展的良机"。[29]

新加坡不仅跻身"新兴工业化经济体"的行列，而且在亚洲的人均可支配收入也仅次于日本。政府一直在密切关注这个城市国家相对于其他"四小龙"国家和地区的表现。自 1979 年以来，新加坡在实际国内生产总值和实际人均国内生产总值的年平均增长率方面一直处于领先地位。[30] 1985—1986 年间的严重衰退对新加坡造成了巨大的冲击，而其他东亚新兴工业化经济体，特别是韩国和中国台湾地区，却在衰退期继续保持强劲的增长态势。为什么会出现这种情况？面对劳动力成本的大幅上升和较高的货币升值率，韩国和中国台湾地区通过全面的、由政府推动的研发计划来提升经济实力。韩国政府在 1962 年修订了《引进外资促进法》（*The Foreign Capital Inducement Law*），规范外国直接投资和外国技术的获取，刺激经济的技术升级。[31] 更重要的是，韩国政府还利用技术政策对制造业进行了重组，获得了经济效益。[32] 相比之下，新加坡的制造业主要由外资主导、以"自由散漫"的低技术产业为主，并且缺乏"本土"产业，这一情况令人深感忧虑。

国际统计数据显示，新加坡在研发领域的投入方面落后于韩国和中国台湾地区。[33] 就研发总支出而言，1990 年新加坡的研发支出占国内生产总值的 0.9%，而韩国为 1.8%，中国台湾地区研发支出占地区生产总值的 1.4%；就研究科学家和工程师的数量而言，1991 年新加坡每一万名劳动力中有 34 名，1990 年韩国和中国台湾地区分别为 37 名和 55 名。这一差距背后的原因是显而易见的，韩国和中国台湾地区都在更早时期为工业化进程制定了科技政策。因此，新加坡的工人生产率也落后于竞争对手，这并不令人惊讶。在 1990 年上半年，新加坡的生产率增长为 3.6%。同期韩国和中国台湾地区的增长率分别为 14% 和 7%。[34] 这种相对较慢的生产率增长一直是新加坡政府的心病。

在近 20 年的时间里，新加坡政府在研发领域的努力显得松散而不成体系。面对国内政治形势的不断变化，政府决定将大量的国家储蓄投入研发。

根据 1986 年经济委员会报告的建议，新加坡于 1991 年制定了《国家科技规划》（NTP）。一些观察家认为，这是执政人民行动党寻求执政的合法性、加强政治领导的又一手段。一系列国内外的环境变化给人民行动党带来了巨大的压力。人民行动党亟须重新审视其政策，并采取直接或间接的措施恢复和加强在选民中的声誉。自 20 世纪 80 年代初以来，人民行动党的传统霸权因选举支持率意外下滑而受到严重冲击。在 1984 年的大选中，新加坡民主党和工人党这两个主要反对党不仅成功地吸引了选民，还在国会中获得了两个席位，打破了人民行动党不可战胜的神话。在经济层面，这个城市国家的快速增长在 1985 年和 1986 年的经济衰退中遭受重创。这是新加坡自 1965 年以来首次出现了负增长。此外，国家成功的"出口导向型工业化战略似乎已经达到顶峰"，面临着新挑战。[35] 在社会层面，领导人做出的一些决策并没有得到民众的支持。其中包括提高提取中央公积金储蓄的年限、针对女性毕业生的不受欢迎的生育措施，以及对教育系统进行的一系列令人不安的改革。此外，政府的亲跨国公司政策和这些跨国公司对经济的主导地位疏远了本地企业家。最后，以金钱为导向的社会最终产生了一个中产阶级，他们不仅享有高品质的生活方式和炫耀性消费模式，而且拥有足够的力量和发声渠道向政府施压，迫使其改变政策。简言之，20世纪 80 年代是一个充满剧烈变化和动态调整的十年。

因此，人民行动党和新加坡政府具有强烈的动机来重振他们在政治和经济领域的竞争优势。事实上，技术落后可能被视为对执政政府至高无上的政治权力的潜在威胁。[36] 历史上的例子如彼得大帝时代的俄罗斯和 1867年后的日本，表明执政当局为了维护霸权地位，可能会有意并成功地支持技术变革。[37] 新加坡政府主动营造了实现技术变革的教育和研究环境。然而，在 1984 年选举失败后，人民行动党意识到在制定政策时需要采取更为协商的方式。因此，公共和私营部门共同规划国家科技政策并记录在 1991年的《国家科技规划》（The 1991 National Technology Plan）中，这被认

为是实现更多"协商和参与性代表"的举措之一。[38]更重要的是，这一规
划提醒我们，由于国内外形势的快速变化，政府"必须越来越多地成为团
队合作的推动者，在发展过程中充分发挥私营企业（无论是外国还是本土）
的潜力"。[39]在这方面，国家需要不断提升公众对科技发展的认知水平，
并加强对科技发展的政治承诺；[40]还需要密切监测新加坡与东亚新兴工业
化经济体之间的技术差距。

20世纪90年代建立科学和技术框架

从历史上看，在1965—1979年，新加坡一直在培养科技意识，但大
部分努力是分散的，缺乏重点或方向。1978年进行的一项全国性调查显示，
新加坡的研发水平相对薄弱。政府用于研发的费用为3 720万美元，约占
国内生产总值的0.23%。这一数字低于联合国为欠发达国家设定的0.5%的
水平，与发达国家2%的平均支出水平相比更是相去甚远。在1978年的研
发总支出中，大约33%是由公共部门承担的，而私营部门承担67%。[41]
就研发人力资源配置而言，1979年，8 000名科学家和工程师中只有2.5%
的人从事某种形式的研发工作。[42]这些人员主要集中在大学和政府实验
室，开展基础研究工作。[43]

根据1978年的调查结果，造成新加坡研发状况不佳的原因主要有以下
几点：缺乏训练有素的人才、研究资金投入不足、研究信息渠道有限、外
国投资在制造业中占主导地位、本地工业厂房规模小，以及缺乏良好的研
究环境。调查还揭示了私营部门进行的开发和应用研究与公共部门进行的
基础和应用研究之间的关系日益紧张。[44]1981年政府解散了软弱无能的
科技部，使情况雪上加霜；政府对此表示，"没有任何同情，连鳄鱼的眼泪
都没有"。[45]在20世纪70年代，政府对工业技术的发展关注甚少，也没
有提出培育科技文化的政策方针。当时主要经济目标是通过吸引外国直接

投资创造就业机会，确保国家生存。

1979 年 6 月，时任贸易与工业部部长的吴作栋阐述了对目标和战略的愿景，这是建立国家计划帮助新加坡发展和提升技术能力的首个积极信号：

> 我们在制定国家研究与发展计划时将面临的关键问题是：应开发何种技术、应聚焦哪些行业、如何利用人力资源，以及为本土和外国公司设定什么角色……新加坡的研发工作必须为我们的政治、社会和经济需求服务，其最终目标是在对国家发展具有战略意义的领域发展技术能力。新加坡的研发工作应以市场的需求为基础，包括当前和未来的需求。国家努力发展和提升技术自给自足的同时，还需要对工程师和技术人员进行培训，使他们超越操作层面，进入管理、设计和工程等职能部门……通过财政激励措施，鼓励愿意与我们分享技术或投资高技术产业的投资者在新加坡开展业务。鼓励本土企业与这些投资者以及已经在新加坡开展业务的各类企业建立联系，例如设备制造商、设计和工程组织以及新加坡标准和工业研究所（SISR）等工业研究机构。[46]

因此，自正式实施国家科技政策之初，优先考虑了以下三个问题：①新加坡的研发应该是"市场拉动的"，而不是"科学推动的"；②国家希望通过推动教育改革等手段，实现技术自力更生；③高科技外国投资者被视为转移和扩散技术与技能的重要桥梁。1991 年 1 月，新加坡国家科技委员会（NSTB）正式成立，专门负责推动新加坡的研究和开发，这是一项重大的体制改革。这个战略在《国家科技规划》中有所体现："将新加坡发展成为特定科技领域的卓越中心，提升我们在工业和服务领域的国家竞争力。"[47]《国家科技规划》概述了新加坡在 20 世纪 90 年代的研发政策和方向。

　　为实现上述目标，新加坡政府采取了"目标产业"或"选拔优胜者"的战略，即有针对性地挑选少数技术作为优先发展事项或核心能力，提供强有力的政府支持加速其发展。在新加坡《战略经济规划》（Strategic Economic Plan）的大框架内，核心能力被细分为几个集群，每个集群都具有大多数产业的共同特征。这种策略非常适合新加坡这样的小型工业化经济体，这里的跨国基础设施已经非常发达。根据《国家科技规划》，政府制定了激励计划和财政措施，鼓励私营部门投资九个优先领域进行研发：分别是信息技术、微电子、制造技术、材料技术、能源、水环境和资源、生物技术、食品和农业技术，以及医学科学。国家还承诺在 1991—1995 年期间提供 20 亿新元作为公共部门对产业驱动研发活动的支持。

　　据统计，新加坡的研发支出自 1978 年以来持续增长，于 1991 年达到 7.568 亿新元，占国内生产总值的 1.1%。[48] 其中私营部门占总额的 58%。在人力资源方面，1991 年有 8 631 人从事全职或兼职研发工作，比 1978 年增加了四倍。其中，5 239 人是研究型科学家和工程师，每万名劳动力中有 34 名研究型科学家和工程师。55% 的研发人员受雇于私营部门。尽管研发预算不断增加，但到了 20 世纪 90 年代，新加坡仍然面临着熟练研发专业人员短缺的问题。为了解决这一问题，一些大型本地企业启动招聘计划，招募海外工作的新加坡人和工程、信息技术、电信、设计工程和仪器工程等领域的外国毕业生。北美地区及英国、澳大利亚、新西兰、苏联和中国等成为这些招聘活动的热门目的地。[49] 通过国际人力资源部，新加坡经济发展局成功吸引了 3 300 多名外国专业人士和技术工人，包括 230 名研究人员和科学家。[50] 在政府看来，新加坡要实现成为科学研究和发展中心的宏伟目标，吸引更多的外国研究人员和科学家是关键。正如 1992 年 6 月时任副总理的李显龙所解释的那样，主要的制约因素并非资金短缺，而是缺乏足够数量的人才来形成一个科学社区，从而孕育出各种创意和合作研究项目。[51]

统计数据也表明，本地研究型科学家和工程师的数量也相对不足。在1992年参与研发活动的10 611人中，只有6 454人是研究型科学家和工程师，其余的是技术人员和支持人员。而本地科学家和工程师只占60%，其余的是永久居民和外国公民。[52]另一个值得关注的趋势是，在过去的几年里，获得博士学位的研发人员占研究型科学家和工程师总人数的比例的年增长率并不明显。遗憾的是，目前尚无官方数据表明这些研究型科学家和工程师中新加坡人数的比例。但可以推测，他们中的大多数可能是在大学和研究机构工作的外国公民。[53]在1992年的1 424名研究人员中，有1 085人（76.2%）在高等教育部门工作，89人（6.3%）在政府部门工作，143人（10.0%）在公共研究机构工作。[54]因此，只有107人（7.5%）在私营部门进行研发工作。

新加坡国家科技委员会于1993年进行的一项调查显示，74%的私营企业将"研发人员短缺"列为制约新加坡研发的首要因素。然而，我们不能简单地认为这反映了新加坡对研究人员的总体需求在上升，特别是在私营部门，认为更多的公司愿意投资研发。实际上，高风险、缺乏研发管理知识和缺乏风险资本等因素阻碍了私营部门研发活动增长和发展。此外，企业对研发的态度和观念也对科学家和工程师的需求产生了影响。

构建技术基础设施

技术竞争中关键的问题是创建一系列由政府开发的相关要素组成的技术基础设施，促进专门技术的开发和应用。[55]高度集成和现代化的技术基础设施是经济战略整体系统方法的核心组成部分。特别是强调灵活且适应性强的制造系统来生产"小、快、精的产品变化"时，情况更是如此。[56]因此，基于技术的基础设施对于传播科学和工程信息至关重要。对于当今许多发达国家而言，这已经成为决定国家全球竞争力的核心因素。新加坡政府在短时间内建成了技术基础设施，正如《国家科技规划》中表明，"包括高度集中的高科技产业、研究中心和高等教育机构，融入宜居的生活环境"。[57] 最终的目标是创建一个科技城。

20 世纪 90 年代，新加坡的研发基础设施发展是在"科技走廊"的理念下进行规划的。该走廊位于岛屿的西南部，包括科技园区、新加坡国立大学、南洋理工大学、新加坡理工学院、新加坡国立大学医院和商业园区等核心机构。为了创造理想的科研工作和生活环境，该区域还配备了优质的社会设施。这种"硬"基础设施与不断升级的"软"基础设施相辅相成，共同为研发提供有力支持，并确保研发成功实现商业化。1992 年 1 月，耗资 353 万新元的电子网络项目"科技网"（Technet）启动，通过互联网将新加坡本地研发界与全球科学界紧密联系起来。[58] 20 世纪 90 年代，新加坡的专利制度也经历了变革。根据修订后的制度，新加坡正式加入《巴黎公约》（the Paris Convention）和《专利合作条约》（PCT）。[59] 因此，在新加坡申请的专利可以由全球任何一个《专利合作条约》办事处审查，并在申请时得到所在国家的承认。这些措施减少了成本和时间，进一步激发新加坡企业家和发明者的创新创业精神。

1984 年在肯特岭（Kent Ridge）建立的科学园，是政府将研发活动与总体经济政策联系起来的初步尝试。科学园借鉴了英国科学园的模式，如爱丁堡的赫瑞-瓦特研究园（Heriot-Watt Research Park），成为新加坡所有工业研发活动和"智力服务"的协调中心。[60] 肯特岭科学园靠近新加坡国立大学，可以促进大学教职人员和工业研究人员之间更密切的互动和知识与思想的交流。到 20 世纪 90 年代中期，占地 20 公顷的第二科学园破土动工。除了科学园，新加坡在 20 世纪 80 年代和 90 年代初还建立了其他几个研究中心和研究所。[61] 这些公共部门的研究机构和中心形成了新加坡的研发核心，为私营部门提供了人力、技能、技术、知识、产品和流程资源。1991 年，它们拥有 452 名研究型科学家和工程师，占新加坡该类

人数的 9%，研发支出占全国研发总支出的 9.4%。^[62]

在美国等工业化国家，技术基础设施系统是一个由多功能和组织结构相互交织构成的复杂网络。在新加坡，情况则简单得多。一般来说，高等教育机构更加侧重于以教育为目的的基础研究工作，尽管他们也进行一些通用技术的应用研究。研究中心则主要聚焦于通用技术和专利技术的研发。尽管制造和管理实践通常在私营部门进行，政府机构也会在需要时采纳并运用这些实践。新加坡标准与工业研究所（SISIR）是提供支持性基础技术的主要机构。共性技术或竞争前技术研究是技术研发的初始阶段。目标是在实验室展示具有市场应用潜力的产品或工艺概念是"可行的"，从而减少技术不确定性。然后将实验室样品引入一系列专利的研发阶段，最终实现商业化。所有研发阶段都依赖于一套基础技术支持系统，包括实用技术、基础数据、测试和测量方法，以提高共性技术研究初期以及开发和商业化阶段的生产率或效率。制造或管理实践使得产品和工艺技术以及基础技术得以高效开发。在这个"科技走廊"内，政府致力于激发人民的创造力和创新活力。然而，科技硬件虽然重要，但并非是科技驱动经济发展的唯一因素，人们对自动化的接受度和通过培训提升技能的观念同样重要。

自动化、技能获取和再培训

机器人技术正引领工业生产领域的技术革新，正如蒸汽机在 19 世纪所做的那样。机器人在制造自动化中的应用，可以在高附加值市场中迅速形成关键竞争优势。许多国家认识到自动化对于保持竞争力的重要性。日本已成为机器人领域的世界领先者。而德国和瑞典等是在机床、电气工程和高质量汽车领域具有很大优势的传统工业强国，也在大力投资自动化。这些国家拥有浓厚的"工程文化"、高品质的生活、高昂的劳动力成本以及大量的科学家和工程师，为工业生产中机器人的应用提供了有力的支持。新加坡在电子和计算机行业的自动化方面发展迅速，然而这些行业由外国跨国公司主导。这些公司选择生产过程自动化，主要归因于新加坡有技术娴熟的劳动力、良好的基础设施和先进的电信网络。尽管自动化在生产过程中发挥着日益关键的作用，但是非熟练和半熟练劳动力仍然具有不可替代的重要性。此外，根据"无国界的世界"理论，跨国公司会比较发展中国家工资与本国自动化工厂里的机器人"成本"的差异，以决定是否将生产转移到其他国家。因此，各国政府必须意识到，机器人的广泛应用导致生产成本降低，跨国公司将业务迁回本国总部的可能性始终存在。

在新加坡的制造业中，机器人或自动化技术的应用在多大程度上已经成为一个不可或缺的特征？在 1992 年的全国自动化调查中，参与企业对自动化的意愿并不强烈。[63] 受访者对以下问题存在较高的不确定性："自动化可以提高产品质量"（43.0%）、"当我们实现自动化时会重新培训员工"（25.7%）、"我们有专门负责自动化的人员"（39.7%）和"机器人对成功实施自动化至关重要"（44.8%）。这些回答表明当时人们对自动化的认知程度相对较低，71.2% 的企业表示从未参加专业机构组织的技术活动。[64] 当问及阻碍自动化进程的因素时，最积极响应的三个企业认为，高昂的投资和不确定性（56.4%）、企业内部知识、专业知识和技能不足（39.0%），以及初期高昂的运营成本（35.8%）。[65] 总体而言，调查得出的结论是"大部分参与调查的制造企业尚未采取集中的自动化方法，39.9% 的企业在未来三年内没有任何投资自动化预算，半数企业没有任何自动化规划。"[66] 在缺乏国家自动化规划的情况下，企业，尤其是在中小型企业，对于实现工厂自动化的重视程度不够。此外，实施自动化可能与工人培训和教育提升政策相冲突，因为自动化的新工作时间要求可能导致劳动力流失的增加。然而，20 世纪 90 年代，由于新加坡国内对劳动力的需求很高并有充足的海外劳动力资源，上述问题并不严重。总的来说，工人认为自动化提高技能水平，但也增加了工作强度。[67]

工人的文化态度，尤其是 40 岁以上的工人，可能是影响他们适应新技术的最重要因素。虽然技能可以通过培训课程获得或者得以提升，但如果没有正确的态度，工人的生产力将受到影响。许多工人认为没有必要进行再培训，因为他们认定自己从事的是技术含量低的粗活，与其花时间参加提升课程，不如从事兼职增加收入。[68] 从工人的角度来看，这种态度是务实和理性的。一位观察家总结说："新加坡的工人勤奋，但马来西亚工人更愿意工作，更愿意接受培训，并付出额外的努力来提升自己。"[69] 马来西亚政府提出《2020 愿景》（Vision 2020），设定了进入发达国家之列的目标年份。这赋予人们共同的期望，希望通过提升自己和促进国家经济发展来实现这一目标。马来西亚工人的这种文化态度促使大型跨国公司更多地将高端电子产品生产转向槟城等马来西亚各州。

此外，人们普遍认为，管理层对培训的看法并未缓解新加坡非熟练和半熟练工人面临的问题。许多本地中小型企业过于注重生产，往往强调控制生产成本，而不重视员工培训。如果不进行高科技升级，则认为没有再培训的必要。这并不奇怪，从历史上看，本地企业从未将培训视为职业文化的一部分。在韩国和日本，人们乐意接受公司内部提供的培训。从管理层的角度来看，这种人力资本投资只有在劳动力相对稳定的公司才有意义。遗憾的是，在新加坡许多中小型华人企业中，员工跳槽现象非常普遍，特别是年轻工人，提升员工技能并不划算。此外，新加坡制造商往往倾向于采取更渐进、更平稳的技术升级方式，每一次变化只是略微增加一点资本，并减少对劳动力的依赖。这种策略也抑制了学习和再培训文化的发展，因为新进口机器出现故障的可能性很小，不需要更高级或专门的技能来操作。简而言之，关键问题仍然是经济生存和利润问题，人们往往从机会成本损失的角度看待培训时间。新加坡政府对这种情况保持了很现实的态度，"要想让培训成为像日本、美国和欧洲国家那样的一种传统，我们还任重道远"。[70] "尽管在过去六年中，参与质量控制圈的工人数量增加了 21 倍，从 1982 年的约 2 000 人增加到 1988 年的约 56 000 人。"[71]

新加坡的科技政策旨在推动经济向创新驱动的工业化阶段迈进段，这意味着将特别关注产品和工艺的研发。在《国家科技计划》的框架下，应用研究被明确定义为"发现与产品或工艺相关的具有特定商业目标的新科学知识"；开发研究则被定义为"系统地利用从研究中获得的知识或理解，生产有用的材料、装置、系统或方法，包括样品及工艺的设计和开发"。这两者都是研发的关键类别。[72] 在新加坡的科技框架中，科学或基础研究被定义为"为了获得现象和可观察事实背后的新知识而进行的实验或理论工作，不考虑任何特定的应用场景"，那么基础研究有何作用呢？毕竟，"基础研究带来了基本性发现，是成千上万的下游新产品、工艺的源泉"。[73] 下一章将讨论政府通过强调科学教育和其他举措来培育科学文化。

第五章

培育科学文化

　　当新加坡于 1965 年获得独立时，政府认识到科学知识的获取对于这个年轻国家的生存和发展至关重要，必须在学校和高等教育系统中推广和普及科学教育。随着跨国公司的不断涌入，这些公司需要科学家尤其是工程师来满足他们的建设研发设施和制造工厂的需求。在 20 世纪 80 年代初期，当新加坡开始制定国家科学政策时，面临着一个重大问题：政府是支持"政策推动科学发展"还是"科学发展促进政策？"是否大力扶持基础或"上游"研究？有关国家对现代科学诸多领域支持的官方言论并不多见。1978 年，时任国家发展部高级政务部长的 S. 丹那巴南（S. Dhanabalan）表明了政府的立场，即新加坡的研发必须适应市场的需求：

　　　　开展没有明确应用目标的基础研究，扩大知识前沿的边界，这种纯粹研究并非浪费。看似深奥的研究已经产生了非常实际的应用，深刻影响着我们的日常生活。然而，像新加坡这样的发展中国家，受限于财力和人力资源，我们的开发研究应集中在特定领域，这些领域以现有的发现和技术为基础，创新或改进产品和工艺……这种方法正是日本成功的关键因素之一。[1]

诚然，日本在新技术的实际应用方面取得了巨大的成功。[2] 但必须指出，西方科学技术自 17 世纪以来就已在日本扎根。尽管在"锁国时期"（the *Sakoku* Period，1641—1853）日本对外国人入境实施了严格的限制，但"兰学"（*Rangaku*，or "Dutch Learning"）已经传入日本。那时由于出岛的荷兰贸易站实际上是荷兰的一块飞地，在长达 212 年的时间里，它几乎是日本获取欧洲科学进展的唯一途径。兰学影响了日本的医学、解剖学、工程学、气象学和化学等多个领域。进入明治时期（1868—1912）后继续吸收西方科学，这一进程直到 1945 年太平洋战争结束，日本帝国政府都积极推动科学原理的学习和应用。[3] 事实上，日本在第二次世界大战后不久就诞生了第一位诺贝尔奖获得者——1949 年获奖的物理学家汤川秀树（Hideki Yukawa），此后还有其他 18 位日本科学家获此殊荣（包括 2012 年的两位）。[4] 另一个重点是，日本的"行业领袖意识到，如果日本要在全球范围获得广泛认可，他们必须培养更多有创造力的科学家和研究人员，而不是仅仅培养创意产品设计师"。[5] 日本努力追求创造性基础研究，同时保持其在工艺和产品创新方面的优势。[6] 就新加坡而言，缺乏可以依靠的科学传统。

21 世纪之前的科学政策

在 20 世纪 60 年代和 70 年代，科学和科学教育没有得到政府足够的财政或人力支持。究其原因，当时国家的首要任务是生存，维持年轻的独立国家政治和经济上的延续。当时公众对科学研究不感兴趣，媒体也鲜有报道。因此，科学家群体在有限的资源下，各自在学术的象牙塔中默默耕耘。

1970 年，新加坡议会首次提出建设新加坡科学中心（Singapore Science Center）的构想时，一位国会议员评论道：

> 这项法案不会引起人们的关注，因为它涉及科学和技术。这似乎与人们的日常生活无关。然而，对于国家来说，这是一项非常重要的法案。它将对推动国家科学与技术的发展起到积极作用。[7]

在科学领域和学术界，化学和物理学等所谓"硬科学"与生物学等"软科学"之间存在二分现象和价值观偏差。科学家和科学教育者创造了科学的"假象"，将其视为仅供最聪明的人研究的学科。理科学生与艺术或人文学科的学生之间形成明显的界限。这种落后的科学教育观念的严重后果是培养出一代对科学缺乏兴趣，尤其是那些不了解科学对社会的影响和作用的人群。

虽然开发研究的商业化符合国家目标，但新加坡政府还需要解决发展科学文化的障碍。20 世纪 80 年代，各种报告、对国内外科学家的采访以及决策者的演讲等渠道提供的轶事证据表明，在新加坡制定涵盖所有科技活动的科学政策背后，存在一些紧张和不确定性。1983 年，美国 4 位杰出物理学家分享了他们对新加坡发展前沿科技潜力的看法。[8] 尽管他们做出了有些准确的观察，但他们对新加坡"准备好"开展前沿科学研发过于乐观。正如《海峡时报》报道的那样，这种乐观是基于他们的理解，即"这个共和国对待科学的态度正在成熟，年轻学生对科学研究的兴趣正在增长，最重要的是，国家有能力在先进科学研究上投入资金"。[9] 也许这是善意的评论，因为没有确凿的证据表明在 20 世纪 80 年代，学生对纯科学研究的兴趣在不断增加。此外，新加坡的科学界当然还没有"成熟"，因为官方科学技术政策的制定和实施仍处于起步阶段。最后，建议新加坡可以朝着前沿科学研发的方向发展并与工业化国家竞争。由于这种建议过于理想化甚至有些超前，因此当时务实的政府是不会认真考虑的。

与开发性工作不同，纯粹的科学研究无法在务实的科技政策中得到重视。尽管如此，在 20 世纪 80 年代，一些来访的知名科学家针对如何在新加坡建立适宜基础科学研究的氛围提出了建议。例如，麻省理工学院（MIT）的科学家丁肇中（Samuel Ting）强调了建立一所卓越的技术学院的必要性。[10]他明确表示，单纯依靠招募外国科学家的政策并不能保证本土科学基础的稳固发展。只有建立类似苏黎世理工学院（Zurich Institute of Technology）的技术学院，才能激发本土科学基础的建立和发展。他还反驳了高昂的基础研究费用对发展中国家来说是奢侈品的说法。[11]世界著名物理学家阿卜杜勒·萨拉姆（Abdul Salam）极力主张新加坡政府重视基础科学研究，因为"技术源于科学"。[12]他强调，新加坡和第三世界国家的领导人必须认识到了解自然知识的重要性，只有真正理解"为什么"，才能掌握技术。[13]另一位获得诺贝尔奖的物理学家、新加坡政府的科学顾问杨振宁（Yang Chen Ning）建议，应该更加重视低成本而纯粹的研究活动，例如理论物理和数学。[14]通过拓宽纯研究领域，建立有利于研究的氛围。[15]

这些世界知名科学家的来访表明政府对专家意见的重视。但在大多数情况下，政府的实际行动似乎也仅此而已。新加坡在 20 世纪 80 年代的高科技或研发政策是一项务实的政策，基于培养对国家发展具有战略意义的技术能力。正如吴作栋在 1980 年所说，新加坡的"研究政策必须以转变研究方向、优化研究结构和提高产品质量为目标，确保产品的市场竞争力"。[16]将研究与产品开发挂钩，从而与利润和市场联系起来，一直是新加坡经济发展局实施的产品开发计划背后的核心目标。同样清楚的是，研发战略家主要关注研发方程式的"开发"方面。这种强调符合新加坡的"现实目标"，即"不应该进行基础研究，无论是在现有技术或是新兴技术领域，除非我们拥有非常有才华的专业人员"。[17]他们认为，产品开发"不需要创造性思维，只需要一位知识渊博的科学家，坚定地寻找新的更好的方法来完成特定的任务"。[18]还有人指出，日本的成功很大程度基于在开发性研究前沿方面的努力。因此，可以得出结论，直到20世纪90年代后期，新加坡科学政策中还没有明确的指导方针或预期轨迹。尽管如此，1987年分子与细胞生物学研究所（IMCB）的成立引起了科学界的广泛关注。这是由诺贝尔奖获得者悉尼·布伦纳（Sydney Brenner）推荐成立的。分子与细胞生物学研究所的成立标志着大学更加重视基础研究。进入新千年，基础科学研究呈现"蓬勃发展"的态势。

21世纪科学的发展：生物医学之路

20世纪90年代初，新加坡在研究经费投入方面实际上落后于中国台湾地区和韩国。然而，进入21世纪以后，新加坡的研发支出激增至32亿新元，占总商品和服务产值的2.1%，与美国和日本持平。在政府的战略规划中，生物医学科学（BMS）被指定为21世纪三个关键增长领域之一（另外两个是交互式数字媒体和水处理技术）。在生物医学领域，政府投入的经费远高于私营部门。

2005年9月，世界第二届科学技术与社会年度论坛在日本京都举行，来自60多个国家的500多名科学家和决策者出席了会议。该论坛被广泛认为是科学界的达沃斯论坛（Davos），即每年在瑞士举行的世界领导人智库会议。一些世界顶级科学家和决策者观察到，新加坡这个城市国家正在成为前沿科学研究以及解决社会问题（特别是生命科学领域的问题）的典范。[19]新加坡营造了一个以公平透明的监管、坚实的研究基础设施、不断扩大的人才库和有利于研究的法规为特征的"科学友好型"环境。还指出，新加坡已成为禽流感研究的区域领导者。[20]

　　新加坡进军生物医学科学的战略构想源自杨烈国（Philip Yeo）的远见卓识。用他自己的话来说，"激情是我投身生物医学科学的原因。最初，我从纯粹的经济发展角度涉足生物医学科学，希望在未来增长领域奠定基础。对我来说，生物医学科学是经济的第四支柱：三条腿固然稳健，但四条腿无疑更优越"。[21] 毫无疑问，人类健康和疾病是当今世界和未来世界最紧迫的挑战之一。生物医学科学研究和医疗技术取得了令人瞩目的进展，这为后来者加入竞争提供了机会。新加坡进军生物医学科学是增强国家竞争优势并引领国家朝着知识型、创新驱动型经济转型的一部分。生物医学科学被认为是继电子、化学和工程科学之后，新加坡制造业的第四大支柱（图 5.1）。尽管生物医学科学需要大量的研究经费和对先进基础设施的投资，但因为其固有的优势，新加坡决定将生物医学科学作为一个增长极。新加坡医学和医学教育经历一个世纪的发展，已经建立起令人受益的优良的医疗保健体系。由于亚洲地区跨种族融合的重要性日益凸显，全球疾病

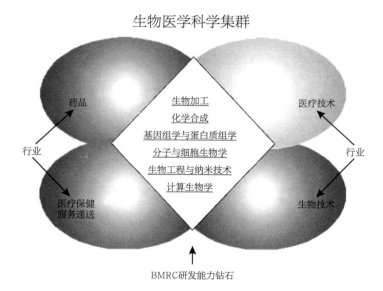

图 5.1　新加坡生物医药产业战略

来源：<http://www.asiabiotech.com/publication/apbn/11/english/.../1508_1511.pdf>.p.1509.

研究也正在向亚洲转移；而新加坡有三个主要的亚洲族群（马来人、印度人和华人），为新加坡在生物医学科学领域的发展提供了得天独厚的优势。新加坡在长期规划以及不同机构之间的密切协作和协调方面表现出色。

对于愿意在新加坡定居的生物医学科学领域的顶尖人才，新加坡赋予了他们追求开创性研究领域的自由和资金。生物医学科学的研究和大量的科学人才都聚集在启奥城（Biopolis）生物医药科技园的新家中。这座占地16.7万平方米的综合体于 2001 年开始规划，由 7 个相互连接的街区组成，每个街区都配有最先进的科学设备，如电子显微镜、DNA 测序仪、X 射线晶体学仪器和核磁共振扫描仪。[22] 来自 70 多个国家 2 500 多名科学家和工程师被吸引到这座生物城。新加坡科技研究局对生物医学科学研发的投资稳步增长；从 2000—2005 年的 13 亿美元，到 2006—2010 年为 21 亿美元，而 2011—2015 年为 23 亿美元。

新加坡推动科学政策对经济增长影响的战略，吸引了全球最优秀的科学人才汇聚于新加坡。这些政策对于正在寻求资金支持的顶级科学家是极具吸引力的。新加坡的技术官员希望这些科学家的到来将向致力于前沿创新的大型跨国公司（尤其是制药行业）传递积极信号，鼓励它们在新加坡设立业务部门。此外，这些政策还可以"吸引"新加坡人投身科学界。最早游上岸的一位大"鲸鱼"（对有才华的顶级外国科学家的尊称）是爱迪生·刘（Edison Liu），他在 2001 年受命启动新加坡基因组研究所（GIS）。在他的领导下，研究所发展成为一个吸引生物医学科研人才和研究项目的重要国际研究机构。更多的杰出科学家相继加入。备受瞩目的是世界著名癌症遗传学家夫妇尼尔·科普兰（Neal Copeland）和南希·詹金斯（Nancy Jenkins），他们于 2005 年移居新加坡。在接受《科学中的协同》（*Synergy in Science*）杂志采访时，这对夫妇阐释了他们的决策动机："我们得知新加坡正在投资数十亿美元打造名为启奥城的生物科技园区，其建设模式与美国国立卫生研究院（NIH）的内部项目一样，并且由新加坡政府直接资助。他们邀请我们创建实验室，并承诺提供全方位的支持。"[23]据报道，在 2008 年 2 月波士顿举行的美国科学促进会会议（AAS）上，来自哈佛大学和麻省理工学院等名校与科研机构的数十名年轻科学家提交了到新加坡继续从事博士后研究的申请。[24]更重要的是，新加坡还采取了措施扩大本国拥有博士学位的人才储备，促进高端研究。2003 年，新加坡科技研究局推出了一项博士奖学金计划，旨在通过再培养 100 名本土科学与工程领域研究人员来壮大人才队伍。[25]2006 年，新加坡科技研究局发放了 162 份科学奖学金，2013 年又发放了 137 份。总体而言，为了培养一支强大的本地科学家队伍，自 2001 年以来，新加坡科技研究局总共向新加坡人发放了 1 200 多份奖学金资助攻读博士学位。[26]

生物医学领域的投资取得了哪些成果？新加坡的生物医学的困境是什么？一项显著的成果是，到 2010 年多家一流的生物医学研究机构和联盟落户启奥城。[27]许多国际观察家对这些科研中心在这个小国建立的速度和协调性赞叹不已。据推测，这些中心不仅能够激起新加坡科学专业毕业生的热情和好奇心，还能吸引国际科学家和研究人员。他们的存在和整个生物医学科学的研究活动也可以吸引制药公司在新加坡建立研发中心（而不仅仅是生产设施），从而产生乘数效应，为新加坡创造大量的就业和其他辅助性服务的机会。2006 年 9 月，美国制药巨头辉瑞公司（Pfizer）宣布计划将其在新加坡中央医院已有 6 年历史的临床试验中心的规模扩大一倍，这是该公司在亚洲唯一的试验中心。瑞士制药商龙沙公司（Lonza）也被吸引到新加坡。该公司建立了一家哺乳动物细胞培养制造工厂，专门从事生物制药产品的合同研发和生产。该生产基地于 2011 年初投入使用。就经济回报而言，从 2000 年到 2009 年，新加坡的生物医学制造业产值实现了两倍以上的增长，从 60 亿美元攀升至 210 亿美元。同期生物医学制造业的就业人数增长了一倍多，从 6 000 人增至 13 000 人。[28]在制药服务巨头昆泰公司（Quintiles）高级副总裁兼亚太区负责人阿南德·塔马拉特南

（Anand Tharmaratnam）看来，新加坡已经具备在未来几年内生产出重磅药物的所有条件，这将巩固新加坡作为生物制药中心的地位。[29]这是因为新加坡拥有"集中的资金和人才优势，并且当地政府致力于实现这一目标，拥有出色的监管框架和金融管理以及知识产权保护体系"。

官僚主义和科学家

从历史视角来看，新加坡为科技研究创造有利环境面临的一个主要挑战是，掌控研究机构和大学经费的权威机构给予科学家的自由度有限。从本质上讲这是一个两难的困境，要求我们在权威与中央指导、自由与自治之间找到平衡。早在20世纪70年代，一位记者就直白地描述了这种情况："他们（科学家）对自己的评价不得超过四个字——如果他们这样做，当权者会狠狠地教训他们。"[30]《海峡时报》对科学家和研究人员的采访提供的轶事证据进一步表明，他们对大学里的官僚主义和中央集权结构持有疑虑。[31]一位科学家的典型观点如下：

就国际知名知识分子而言，适宜学术的氛围和自由的研究空间相较于工资等物质条件更为重要。由于权力的集中和垄断，普通学术人员往往难以自主提出学术观点或推动改革。相反，这些观点和改革必须来自中央行政部门，或者更具讽刺的是来自政府机构。[32]

科学家普遍持有一种观点，认为官僚和行政人员在研究中的参与应在资金拨付后结束，因为他们中的一些人对研究工作并没有深入的了解。但事实上，他们往往与研究项目有着千丝万缕的联系。一位记者简洁地总结了科学界面临的问题：

他们（科学家）的主要困扰是没有足够的自由来开展自己的研究课题。更具体地说，他们对过度强调应用研究感到不满；若一个项目与行业需求没有直接关联，就很难得到支持。他们指出，如果研究人员的成果能够在国际科学期刊上发表并在国际会议上讨论，那么这项研究就有其自身价值，但这一事实没有得到足够的重视。一些科学家承认，他们可以进行纯粹的基础研究，但无论过去还是现在，获得项目支持都是一项艰巨的任务。结果，缺乏真正活跃的研究团队。这导致很难吸引来自西方国家的科学家，甚至很难吸引在西方进行世界级研究的新加坡人。[33]

尽管科学家们的不满情绪是可以理解的，但他们必须认识到，新加坡缺乏悠久的科学传统，新加坡科技政策背后的思维和方法始终强调应用和实用主义。从过去至现在，政策的核心目标始终在于保障国家的生存和推动经济的可持续增长。值得注意的是，20 年后的今天，尽管政策上鼓励基础研究并且资金也容易获得，但类似的不满情绪再次浮现。也许这个难题永远无法解决。一方面，新加坡需要纯科学领域的专业知识，培养本地理科毕业生和科学家；另一方面，国家对研发商业化的务实取向很可能会将纯科学或基础研究置于次要位置。

经过 10 年充足的资金支持，成功招募了一批明星科学家并在启奥城建立了多个研究机构后，新加坡科学界在进入 21 世纪时遭遇了两次始料未及的冲击。第一个冲击是新加坡约翰斯·霍普金斯大学生物医学科学部（DJHS）与新加坡科技研究局之间为期 8 年的合作关系破裂。第二个冲击是政府决定调整科学家获取研究经费的标准，加强对纳税人资金的管控。这两个事件都凸显了政府机构和科学界之间的紧张关系和期望的不一致。

1998 年 11 月，新加坡政府和约翰斯·霍普金斯大学医学院宣布达成最终协议，以霍普金斯在巴尔的摩的著名中心为蓝本，开发新加坡第一个集研究、教学与临床服务于一体的私营医疗机构。选择与约翰斯·霍普金斯大学接洽是因为它"与新加坡经济发展局将新加坡发展成为'知识枢纽'

的愿景完美契合，而且约翰斯·霍普金斯大学医学院承诺通过与本地机构合作，帮助提高医学研究和教育水平，并为本区域民众提供世界级医疗服务"。[34]约翰斯·霍普金斯大学医学院首席执行官爱德华·米勒（Edward Miller）阐释了与新加坡达成协议的几个原因："在实际的层面，新加坡拥有令人印象深刻和广泛的基础设施，交通系统非常完善；新加坡的人均收入在该地区仅次于日本，公民受教育程度较高。最重要的是，新加坡表达了致力于建设区域医疗中心的坚定承诺，并愿意为实现这一目标提供必要的资源。"[35]然而，10年后，这一高端合作关系以不愉快的方式结束，此前新加坡科技研究局提供了8 000万美元的资金用于建设新加坡约翰斯·霍普金斯大学生物医学科学部和支付研究及培训项目的费用。双方对于合作破裂各执一词。[36]约翰斯·霍普金斯大学与新加坡科技研究局的争议凸显了一个重要事实：科学政策，尤其是涉及研究经费、资助项目目标和成果的政策，以及对资助项目的监督和评估绝非易事。审查、问责，以及科学欺诈的可能性始终存在。[37]对于寻求拓展国际影响力的大学而言，这一事件无疑是一个深刻的教训，外部资金支持的承诺是附带责任的。协议要求约翰斯·霍普金斯大学派遣最优秀的教师前往新加坡。但从合作一开始就很明显，这些备受追捧的教师可能无法提供他们的专业知识，而且他们拥有不参与研究的学术自由。

政府决定收紧科学家从公共资金中获取研究经费的标准，导致几位"知名"外国科学家的离开。自2010年政府宣布投入161亿美元的研发资金以来，政府就强调项目的经济价值。对研究项目的公共资助侧重于解决实际问题或开发新材料新设备的举措。正如《海峡时报》所述，它强调了研究人员和资助机构在看待科学家任务方面的根本差异："科学家认为资助者对投资回报的过度追求是一种干扰，会适得其反；而政府机构则对科学家认为他们所做的高深工作应该享有最大程度自由的观念感到不满。"[38]虽然没有特定用途或应用场景的纯粹基础研究仍能获得公共资金的支持，但拨款的金额日益减少。以色列诺贝尔化学奖得主阿达·约纳特（Ada Yonath）认为，这种做法缺乏远见，因为"如果科学家能够基于纯粹的知识进行研究，科学可能会产生意想不到的结果"。[39] 如今，新加坡普通民众开始担心并质疑科学界在深奥学问研究上花费的数十亿美元的巨额投入和采用的所谓"非针对性的方法"[40]。"明星"科学家的离开也掩盖了"默默无闻的博士和研究助理为这项工作做出的不可估量的贡献……他们是这座大厦的支柱；'明星'则是点缀"[41]。目前，研究资金的申请与工业需求挂钩。不可避免地造成更多知名"鲸鱼"的流失。10 年后，爱迪生·刘也离开了。据一份报告所述，"虽然资金极其丰富，但部分科学家表示他们正面临研究中获取更多经济效益的压力，并对获得这些资金的繁复手续越来越感到沮丧"。[42] 爱迪生·刘表示，在学术研究与应用研究的资助问题上存在明显分歧。[43] 他告诉《海峡时报》，资助机构试图规定"基础科学和临床科学之间的平衡点，以及最佳的技术转让和商业化策略是什么。"[44] 在接受《海峡时报》的另一次深入采访时，他补充道："这里有对科学的强烈追求，但也有过度规划的倾向，错误地认为我们可以预测科学发现的成功。"[45] 目前的研究方向明显趋向于转化生物医学研究，把"实验室"的基础研究转化为新的诊断测试、治疗方法、医疗设备和其他可用于"临床"的技术[46]。5 年后，尼尔·科普兰和南希·詹金斯也选择了离开。他们详细地解释了决定退出新加坡科学界的原因：

> 启奥城的研发经费是以 5 年为一个周期，我们在周期的初期就达到了研究目标。他们说，不会评估我们的项目在 25 年内能否产生经济效益；他们深知生物科学需要时间才能产生实际效益。然而，4 年后考虑下一个周期时，他们变得急功近利，希望迅速实现盈利，计划一夜之间发生了巨大变化。他们要求基础研究人员与制药公司合作推进项目进展，这是启奥城假设驱动研究的终结。

他们削减了大量预算，你需要通过与制药商合作申请，政府才提
供匹配资金。我们已步入老年，毕生都致力于假设驱动的研究！
我们不愿意和制药公司进行合同研究，所以我们毅然辞职，没有
找寻其他工作的机会。[47]

　　他们的观点得到了知名生物学家大卫·索尔特（David Solter）和芭芭
拉·诺尔斯（Barbara Knowles）的支持，这两位学者在新加坡工作了 5 年
后于 2013 年退休。索尔特表示，"初始阶段存在误判，当局预期回报会来
得更快。然而当这种情况没有如期而至时，他们开始指责科研人员无所作
为，并施加压力催促加速研究进展"。[48]正如《自然》杂志所描述的，对
于这些著名的研究科学家来说，"新加坡的黄金时代已然逝去"，"将科学目
标与经济现实相结合的举措固然可以理解……但如果行动过于仓促、规划
不周，可能导致新加坡令人印象深刻的实验功亏一篑，造成资源的巨大浪
费"。[49]虽然这个"令人印象深刻的实验"引起了国际科学界的关注，许
多人确实对一个小国家为基础研究提供的资金支持规模感到惊讶，但当地
的反应却令人担忧。

　　当国家神经科学研究所所长李玮玲（Lee Wei Ling）对新加坡积极推
动生物医学研究的明智性和合理性提出质疑时，关于将大量公共资金投入
纯基础研究的不确定性问题愈发凸显。[50]尤其是战略意图是吸引"大鲸
鱼"并由他们自行决定研究领域时，情况更是如此。鉴于新加坡是一个缺
乏自然资源的小国，李玮玲认为，"更合理的做法是确定新加坡人口所特有
的、我们具有竞争优势的利基领域"。[51]她主张研究工作应更加关注本地
区流行的疾病，而且是与新加坡直接相关并带来实际益处的疾病，如乙肝、
中风和头部损伤。[52]关于跨国药企在新加坡的生产活动所取得的辉煌数
据，李玮玲表示，他们在这里开展业务"并非因为资金投入生物医学研究，
而是因为政府的慷慨援助、执行严格的良好的知识产权法，以及受过教育

的、讲英语的劳动力等因素。"[53]生物工程与纳米科技研究院院长应仪如（Jackie Ying）也持有相同观点。这位教授强调，需要进行"战略性研究"，解决一些全球性难题，如找到治愈致命疾病或减缓气候影响的方法，而不仅仅是创造学术知识。[54]简而言之，当今的政治和经济理论主张，资源应根据短期或长期的预期效益和预先确定的优先事项进行分配，以促进国家繁荣、安全和福祉。确定优先事项是"稳态"科学的一个重要特征。[55]

另一个棘手的问题是，尽管政府向生物医学领域投入了数十亿美元资金，创造的研究工作机会通常由外国科学家占据。因为新加坡这个城市国家没有足够的本土博士来担任研究职位。这种对外国科学家的高度依赖反映了政府的亲跨国公司产业政策。2003年，在政府研究机构的1 930名研究人员中，只有8.2%（仅160人）是拥有博士学位的新加坡人。在生物工程和纳米科技研究院，只有1/5的研究人员是新加坡人。[56]此外，新加坡也面临缺乏愿意成为临床科学家的医生。2004年，国家医疗集团证实，只有不到10%的医生担任过临床科学家的角色。[57]这种现象的原因在于：首先，人们普遍认为临床科学家的临床能力不如传统的临床医生；其次，临床科学家缺乏长期的职业前景。[58]政府计划到2015年将临床科学家的数量增加一倍，达到160人。[59]《海峡时报》报道，根据最新的全国年度调查，2008年至2011年间，新加坡科学产业的公民和永久居民人数减少了200人。与此同时，外国研究人员、工程师、技术人员和辅助人员的数量却大幅增长了4 551人。到2011年，外国人占科学产业队伍的30%，较2008年的22%有所上升。尽管近年来每年至少有2万人获得科学与工程学位和文凭，本土科学家仍无法满足需求。[60]一位正在攻读微生物学博士学位的新加坡科学家对本土科学家的需求提出了深刻见解：

诚然，新加坡有非常积极的科技政策，这无疑使新加坡成为吸引世界级人才的热土。然而，在我看来，即使有这种"积极性"，这些政策仍然不利于新加坡人。例如，近年来，新加坡的生物医学研究发展迅猛，但大量非新加坡籍研究人员不断涌入，没有为本地人才提供足够的机会。相反，为了与其他国家保持同步，新加坡倾向于吸引外国人才来"提升"整体研究水平。当然，这些世界级的人才中有很多人不乏才华横溢，但也有很多人在我看来并不比我们本地人更优秀。我希望未来新加坡人能有更多机会"崭露头角"，成为这个领域的领导者。我相信，积极进取的态度，对整个新加坡都有益处。然而，这不能以牺牲本地研究人员为代价，而是要把本地和海外人才有机整合，这或许是最理想的状态。[61]

由于政府鼓励外国人才流入的政策，新加坡人被剥夺了工作机会，这一敏感问题进一步加剧了紧张局势。确有部分外籍科学家通过成为新加坡公民来为新加坡的发展贡献力量。然而，更多"自由流动"的外国科学家和研究人员将新加坡经验作为跳板，转而投身其他更具挑战性和价值的职业，这一现象比表面上看起来更为普遍。

此外，有观点认为，当今的科学研究和研发正朝着齐曼（Ziman）所描绘的"科学跨国集体化"方向发展，在此背景下，"在许多科学和技术领域，研发的很大一部分是由跨国公司组织的"。[62] 对于由不同国家的多个国际组织资助的"大型"科学项目尤其如此。世界各国，包括美国，都已意识到在研究上不能单打独斗。但就新加坡而言，研究机构和大学的各种研究项目主要由新加坡政府支持。齐曼认为，"即使是荷兰、丹麦、瑞士或澳大利亚等相对较小的国家，仍然可以找到资源来维持世界级的研究实体。他们已经接受了他们的科学能力参差不齐这样一个事实"。[63] 在过去的 20 年里，新加坡政府努力创建研究机构，并吸引了不同国籍的科学家参与其中。在 2000—2005 年期间，生物医学科学行业平均每年创造了 1 000 个工作岗位。虽然来自世界各地的研究人员提供了分享创意思想和建立网络的平台，但现实情况是本地博士人才的短缺。如果没有接受过博士教育，新加坡的大多数生命科学毕业生只能胜任研究助理的工作。另一个问题，如何激励年轻毕业生攻读博士学位，数年时间投身于研究实验室，而他们的同龄人或许已经在职业阶梯上攀升，积累了足够的资金购置房产和汽车。在这个城市国家拥有足够数量的本土研究科学家和技术专家之前，新加坡实现自力更生的科技领域发展前景遥遥无期。

在 2006 年的一份世界银行报告中，强调了新加坡积极进军生物医学研发领域的风险。[64] 优素福（Yusuf）和锅岛郁（Nabeshima）认为，这个城市国家面临着许多挑战。首先，新加坡缺乏必要的人力资本和物质资源。这种限制"降低了除偶然发现之外的任何可能性，并且很难有持续更新的产品开发"。[65] 其次，对研究成果商业化的过度重视"会分散对基础研究的关注，而基础研究是创新的源泉"。[66] 再次，严重依赖外国科学家和少数明星科学家可能导致一定程度的不确定性和不可持续性，因为他们不太可能永久地在新加坡发挥作用。[67] 最后，"卓越的科学发现和最终的实际成果之间的漫长滞后"是不可避免的，需要源源不断的资金投入和极大的耐心。[68] 新加坡政府充分意识到了这些挑战。生物医学领域被视为未来几年经济创造财富的利基领域。因此政府采取了强调转化研究战略，以吸引世界制药巨头在新加坡建立生物制品工厂，这一战略已初见成效。2013 年，总部位于加利福尼亚的安进公司（Amgen）同意投资 2.3 亿美元，在大士生物医药园区（Tuas Biomedical Park）建立生产工厂。同样，诺华公司（Novartis）投资 5 亿美元在新加坡新建生物制剂生产厂，这是对其不断增长的生物制剂产品投资组合的战略承诺。这两家公司是在新加坡建立生物制品生产设施的几家药物公司之一，通过生物方式而非化学合成方式生产药物，使该行业的固定资产投资价值在 2014 年达到 24 亿美元。

科学家爱迪生·刘对新加坡的科学领域进行了总结："考虑到新体系的种种局限，新加坡的表现可圈可点。增长速度之快，工作质量之高，堪称世界一流。我唯一担心的是过度规划问题。研究具有不确定性而且略显混乱。这与建立微型芯片厂截然不同，科学研究更关乎培育新发现的生态系统的发展。你无法预测结果，只能收获随之而来的益处。"[69] 同样，遗传学家兼英国皇家学会主席保罗·纳斯（Paul Nurse）认为，科学领导者不应该"设定过多的限制和过度管理"，而应该"引导和激励"研究人员投身于他们真正热衷的领域。[70]他的评论源自对政府官员是否应该"挑选优胜者"（投资中甄别最具成功潜力的个体），还是应该专注于有助于促进经济或社会发展研究的长期辩论的考量。这位诺贝尔奖得主的立场是，太多自上而下的指导来自"研究理事会委员会的高级研究人员，而这些人员本身并不特别积极从事一线研究，因此并不处于研究的前沿。"[71]

科学与新加坡社会

这些"大鲸鱼"在新加坡是否取得了突破性的发现？是否留下了科技遗产，进而促进新加坡科学家取得更大的成就？新加坡的科学政策，以研究机构的数量以及国际科学家和研究工程师的聚集为显著特征，这些科学家都居住在宏伟的生物医药研究园建筑群中，这是否激发了公众对科学和科学研究的更大兴趣？这些问题可能不会得到明确或客观的答案。然而，由于新加坡在"纬壹"走廊创建科学天堂甚至乌托邦的大胆而昂贵的计划，这些问题是值得关注的。它们将对政府在新加坡社会培育科学文化的整体战略产生重大影响。虽然这些流动的明星科学家在新加坡任职期间并未取得突破性的科学发现，但他们确实为本地科学家在科学界担任重要的领导职务铺设了道路。如爱迪生·刘于2012年卸任后，本地科学家黄克辉（Ng Huck Hui）被任命为基因组研究所所长，林国平（Lam Kok Peng）被任命为生物处理技术研究所所长。据报道，基因组研究所的科学家"在世界上第一次研究了全部 21 000 个基因，发现了 500 多个使胚胎干细胞（ES）保持不变的候选基因"。[72]医学生物学研究所（IMB）和分子与细胞生物学研究所（Institute of Molecular and Cellular Biology）的科学家还发现了一种可以帮助心脏修复的激素，为常见心脏病和高血压提供全新疗法。[73]

正如凯瑟琳·沃尔德比（Catherine Waldby）所提出的，"新加坡的知识经济，特别是生物经济的发展，在很大程度上依赖于外籍人士的专业知识，以全球技术科学的冒险精神来激发所谓保守的新加坡科学文化"。[74]这位研究生物医学和生命科学的社会科学家进一步提出疑问："启奥城这个专家级生物医学创新场，是如何与更广泛的新加坡普通民众互动的？那些非科学界'处于心脏地带的新加坡人'怎样融入承诺的再生经济？他们以何种方式受到重视或被忽视？"[75]新加坡公民有机会通过捐献血液和其他研究样本为新加坡生物经济的发展做出贡献。然而，人们普遍认为，这个城市国家的三个主要族群，华人、马来人和印度人为基因研究捐献血液的意愿较低，对基因研究的普遍认知也较少，这与在北美和欧洲的情况不同。[76]人们对作为生物资源基地，以满足启奥城实验室需求的这种冷淡反应，并不完全出乎意料。一种解释或许是文化因素，然而可以肯定的是，科学界和广大民众之间的沟通十分有限，缺乏通过公共对话机制向大众普及新加坡的科学政策。即使在新加坡的大选期间，科技议题也从未成为任何政治辩论的内容。在具有强大科学传统的国家，科学对政策制定和经济活动都至关重要。[77]但新加坡的情况并非如此。除了少数医生参与公共论坛外，启奥城的科学家们都"困"在他们的象牙塔里，没有做出系统的尝试去接触大众。启奥城确实有可能变为外国科学人才的专属飞地。这样的情况在新加坡并不奇怪，因为新加坡的科学政策主要是由政府发起的国际顾问委员会推动的，而这些委员会是由外国顶级科学家和技术专家组成。这种局面促使新加坡科学院公开建议，希望在政策、教育、研究和资金方面拥有更大的发言权。[78]

瑞典、以色列、丹麦和日本等国家的科学和科技创新在很大程度上与国家历史传统紧密相连。然而，新加坡则不同，它没有任何可以依靠的传统来促进科学的发展。即使在美国，被公认为世界上技术最先进的国家，有着悠久的科学发现传统，也存在着克里斯·穆尼（Chris Mooney）和谢里尔·柯申鲍姆（Sheril Kirshenbaum）所说的"科学 – 社会鸿沟"。他们认为美国人中的科学文盲是一个严重现象，科学界应更积极地与普通民众建立更紧密的联系。[79]虽然没有在新加坡进行实证研究，但可以合理地假设，新加坡人对科学并无轻视之意。然而，人们并没有把科学放在他们的日常关注的焦点上。虽然科幻电影《第三类亲密接触》（*Close Encounters of the Third Kind*）、《外星人E.T.》（*E.T. the Extra-Terrestrial*）和《侏罗纪公园》（*Jurassic Park*）在20世纪70年代和80年代取得了票房上的成功，但它们并没有引发对科学关注的热潮，也没有刺激新加坡人踊跃从事科学研发活动。但是，涉及数字通信和计算机合成的动画的技术创新情况则不同。像韩国人一样，新加坡人在很大程度上是技术极客，不断了解市场上最新的技术小工具，成千上万的人涌向技术展览会便是证明。因此，像《变形金刚》（*Transformers*）、《少数派报告》（*Minority Report*）和《黑客帝国》（*The Matrix*）这样的电影受到精通技术的新加坡人的欢迎，因为它们展示了对技术小工具和计算机合成效果的创造性应用。

媒体在激发公众对科学和技术的兴趣方面也发挥了一定的作用。《海峡时报》里不乏与科技有关的报道和文章。每周都会刊载几版专注"科学"的内容，如涵盖科学家和研究人员访谈的《思考：我是科学家》（*Think：I'm A Scientist*），关于健康和医疗问题的《身体与心灵》（*Body and Mind*）小报，以及针对科技领域最新动态的《数字生活》（*Digital Life*）。2014年年初更是推出了《亚洲科学家》（*Asian Scientist*）杂志，专注报道亚洲科学研发新闻、科学家访谈和奇趣科学等。[80]然而，尽管这些推广科学的努力具有积极意义，科学界仍需更主动地运用知识及对不同社会需求的深入理解，来弥合科学与社会的鸿沟。穆尼和柯申鲍姆称愿意走出象牙塔的科学家为"博雅科学家"，他们运用知识和对政治家、记者甚至娱乐界人士不同需求的理解，来缩小科学与社会的差距。[81]科学家们需要与普通民众分享科学如何塑造社会和文化。与工程师一样，科学家们也需要培养其他学科知识背景，具备必要的软技能，以便更好地与社会各类群体交流。令人振奋的是，新加坡政府正在将科学和技术引入乌敏岛（Pulau Ubin），一座位于新加坡东北部的岛屿，这里通常被认为是新加坡最后的甘榜（*kampung*，马来语"村落"）。2015 年年底，"乌敏岛教研实验室"（Ubin Living Lab）综合实验设施在该岛建成[82]，为科学家和学生提供实地研究的机会。

　　科学家往往被认为是书呆子，这并不令人惊讶。他们沉浸在自己的好奇心世界里，为了实现最终目标而永不停歇地研究。这不禁让人想起以罗伯特·奥本海默（Robert Oppenheimer）为代表的科学家团体，在新墨西哥州洛斯阿拉莫斯执行著名的"曼哈顿计划"（Manhattan Project），研发原子弹。科学家们最初的动机源于与纳粹德国在核武器研发方面的竞赛。尽管到 1944 年年底，希特勒的德国显然败局已定，但该项目仍在继续，用物理学家约瑟夫·罗布拉特（Joseph Roblat，后来离开了该项目）的话说，"最常见的原因是纯粹和简单的科学好奇心"。[83]科学界还存在屈服于政治压力的危险，广岛和长崎成为这种"科学好奇心"的"牺牲品"。同样，在第二次世界大战的历史中，日本指挥官石井四郎（Ishii Shiro）及其团队在中国哈尔滨进行了臭名昭著的 731 部队生物战实验，美国人以他们收集的技术和科学信息为交换条件，给予他们战争罪的豁免。更近的一个案例是2011 年日本福岛第一核电站的爆炸。与该国电力行业关系密切的亲核科学家故意隐瞒了核反应堆熔毁的真相。[84]

　　公众也了解到科学家如何有选择地使用数据，以政治学家崔时英

（Michael Suk-Young Chwe）的话来说，"提出引人注目的新主张"。[85]他引用了《自然》（*Nature*）杂志 2012 年 3 月的一篇报道，科学家格伦·贝格利（Glenn Begley）和李·埃利斯（Lee Ellis）仅能复制出 53 项"标志性"癌症研究中的 6 项，现在科学家们担心许多已发表的科学成果可能并不真实。在这篇文章中，贝格利和埃利斯评论道：

> 这些结果虽然令人不安，但并不意味着整个系统都存在缺陷。有许多优秀的研究例子，已经迅速而可靠地转化为临床效益。2011 年，在强大的临床前数据基础上，几种新型癌症药物获得批准。然而，工业界和临床试验无法验证大多数出版物中关于潜在治疗靶点的结果，这表明存在一个普遍的、系统性的问题。在与学术界和工业界的许多研究人员交谈后，发现他们普遍认识到了这个问题。[86]

另一个案例是日本研究人员小保方晴子（Haruko Obokata）和笹井芳树（Yoshiki Sasai）在英国《自然》杂志 1 月版上发表的研究，声称以革命性的方式制造干细胞。由于赞助该研究的日本理化研究院发育生物学研究中心（Riken Centre for Developmental Biology）对所得数据的可信度进行了调查，研究人员存在严重的问题。他们被指控，在这篇备受瞩目的文章中使用了伪造的图像数据。[87]特别是在涉及临床试验的生物医学研究中，改善患者的福祉是研究工作的核心。用崔时英的话说，鉴于寻求资金和为了职业发展发表文章的压力，科学家可能会失去"专注、透明度和紧迫感"。[88]根据华盛顿大学（University of Washington）研究团队 2012 年的一项研究，自 1975 年以来科学造假案件的数量呈上升趋势，生物医学和生命科学论文被撤稿的数量增加了 10 倍。[89]这一趋势涉及多种因素，排在首位的是学术研究和资金的高度竞争环境。他们的结论是："更好地了解撤稿背后的根本原因，可以为改变科学文化提供参考，防止普通公众对科学失去信任。"[90]在新加坡，情况更加敏感，因为科学家和研究人员获得了大量的资金支持，而大学教师的晋升在很大程度上取决于发表文章的数量和研究成果。[91]对于新加坡的大学而言，在科学出版物的世界排名中上升是一个关键的绩效指标。由于需要参与所谓的"数字游戏"，期刊发表很可能不会产生任何下游的商业影响，往往以牺牲教学质量为代价。

为了配合新加坡政府培育科学文化的追求，中小学校和高等院校的科学教育也进行了相应调整。学校的科学和数学评估已从侧重记忆事实和公式转变为解决实际生活情境的问题。到 2017 年，中学将提供由课程专家开发的科学、技术、工程和数学（STEM）应用学习课程。[92]该课程符合新加坡的倡导，鼓励学生和工人发展与产业相关的专业技能，而不仅限于学术知识。自 20 世纪 60 年代以来，政府一直强调科学和数学对国家工业化进程的重要性。因此，时至今日，新加坡的家长普遍认为，科学教育是孩子拥有良好职业，甚至获得高等教育奖学金的必经之路。在公众认知中，科学比人文学科"声誉"更佳和"分析性"更强。许多家长认为，人文学科提供的职业领域有限。多数内阁部长以及一般的政府学者都接受过科学和工程教育，这一事实进一步印证了上述观点。毫无疑问，新加坡科学和数学被公认为是世界上领先的教育体系之一，青少年在这些科目的国际测试成绩一直名列前茅，也证明了这一点。然而，就此认定这一趋势对理科毕业生愿意终身从事科学职业和研发工作产生了积极影响，那就太武断了。

值得注意的是，在进行理科本科学习时，许多人对这一学科并没有浓厚的热情或兴趣，他们认为这是为了获得学位所必需的。[93]以科学为基础的专业（化学、物理、生物科学、数学、统计和药学）并非他们的首选。大多数人，尤其是"有抱负的人"，更倾向于选择具有潜在经济回报的课程，如法律、商业和医学。但对于那些未能顺利进入首选专业的学生，通常会被调剂到理科专业。这种将大学专业的选择与就业前景联系起来的做法，不是新加坡独有的。即使在美国，聪明的高中毕业生也会选择能确保良好经济回报的法学院，而不是选择科学、技术、工程和数学课程，这些领域可能需要毕业生继续深造到博士阶段。[94]日本和中国台湾地区也面临着同样的大学理科生入学率下降和年轻人普遍对科学不感兴趣的问题。[95]但是，为什么这些亚洲国家和地区仍然能够为世界提供"索尼"（Sony）、"华硕"（Asus）和"三星"呢？虽然影响因素有许多，但历史传承和社会文化特质一直被认为是关键因素。这些因素为东亚经济的高水平技术创新和涌入世界市场提供有力支撑。

第六章

社会文化属性和研发

自 20 世纪 70 年代以来，东亚经济体出色的表现引起了经济学家和社会学家的高度关注。虽然并不完全否认经济解释，社会学家试图将宏观经济的活力与国家社会体系中固有的文化因素联系起来。尽管把所谓的"东亚奇迹"完全归因于积极文化特质的主导地位是不明智的，但正如彼得·柏格（Peter Berger）所假设的那样，它们可以作为资本主义发展过程中的"比较优势"。[1]

技术创造和创新的本质深受社会文化和社会结构的影响。参与技术变革的各方的具体动机和行动并不是在真空中形成或展开，而是在一定的文化语境背景中进行的。用亚历克斯·英格尔斯（Alex Inkeles）的话来说，这里的"文化"一词被广义地定义为"一个社会中每一代人所接受的所有物质、思想、知识、制度、做事方式、习惯、行为模式、价值观和态度的总和。这些总和通常以变化的形式传递给继任者"。[2]这些文化因素相互作用并相互影响，形成"文化体系"。对一个国家科学技术发展的描述，必须与整体社会文化环境体系下的要素相结合。[3]文化对社会的创新能力有

112

着深远的影响。创新是一个创造性的过程，技术进步所依赖的创造创新的本质受到不断变化的文化和社会结构的影响。技术变革的方向以及科技知识创新利用的方式，取决于文化的信仰体系、技术化的机遇和能力、动机，以及在必要时质疑和改变文化既定特征的自由。没有这些技术驱动力，创新将无从发生。

多项研究，尤其是霍夫斯泰德指数（Hofstede Indices），或国际商业机器公司（IBM）调查表明，一个社会的文化体系可能会促进或抑制科学技术发展。[4]关于个人主义和集体主义文化与创新潜力之间关系，最系统、最科学的研究可能是吉尔特·霍夫斯泰德（Geert Hofstede）开展的。[5]从他的研究可以推断，新加坡人遵纪守法，高度信任政治领导人管理国家并维持社会稳定和保障经济福祉。与西方人不同，新加坡人通常不会因为公民权利而公开表示或要求国家完成某些事务。他们普遍认为社会互动是建立在不平等的人际关系基础上的。新加坡社会的发展方式也反映了政府的"共同价值观"，即所有种族群体和信仰都认同和遵循的关键共同价值观。[6]除了这些共同价值观之外，每个社群都可以遵循自己的价值观，只要与国家价值观不冲突。在深受儒家传统文化影响的日本、韩国、中国台湾地区和中国香港地区，也普遍存在社会中个体不平等的观念。包括新加坡在内的亚洲国家是集体主义社会，又或者如汉普登（Hampden）和特姆彭纳斯（Trompenaars）所描述的，是强调家庭、宗族或组织重要性的社群主义社会。[7]

城市国家的社会工程

20世纪60年代的社会和政治动荡给新加坡领导人上了重要的一课。这个小岛屿国家想要得以生存并获得成功，就必须由政府监督所有事务，无论是公共还是私人事务。事实上这一决策是社会工程的典范，因为整个岛屿在短时间内从一个社群纷争的社会转变为一个文化多元、民族多样的和谐社会。1994 年，李光耀在接受英国广播公司（BBC）主持人大卫·洛马克斯（David Lomax）的采访时感叹，新加坡社会的控制再严格不过了，因为"人们很可能做满足感官欲望的事情，但对整个社会的利益来说代价太大"。[8] 自 20 世纪 60 年代以来，政府策划了一系列口号运动来微调社会文化体系。在这个过程中，"无所不管"的官僚机构严格规范了个人的行为，从嚼泡泡糖到冲厕所等日常生活细节，甚至连传播和根植社会核心价值观也由政府确定并公告为"共同价值观"。政府认为，价值观的变化将引领社会实践的变化。这一点从执政党"不断宣传和规劝引导社会变革和行为模式"得到了印证。[9] 正如一位外国观察员所指出的，新加坡社会的转变是"奥威尔式（Orwellian）的极端社会工程"，这与"东亚政府是极简主义者"这一普遍观点不相符。[10]

经过近 50 年的增长，新加坡社会呈现出普遍的消费主义、都市主义和物质主义特征。人们不得不寻找自己的定位，因为用李光耀的话来说："没有人能得到免费的午餐，你必须为之工作，你工作越出色，你的回报就越丰厚。"[11] 一位当地社会学家指出，新加坡社会存在着强烈的疏离感，越来越多的新加坡人转向信仰宗教和永久移民。[12] 这一趋势得到了李光耀的确认：

东亚地区发生了深刻的变化。我们仅用一两代人的时间，就从农业社会，迅速实现了工业化。西方用 200 多年实现的进步在这里大约只用了 50 年甚至更短。这一切都被压缩在一个非常紧凑的时间框架内，因此必然会出现错位和问题。试看那些快速增长的国家和地区，韩国、泰国、中国香港地区和新加坡，它们存在一个显著的现象：宗教的兴起……这些地区都处于急剧变化之中，与此同时，我们都在探索一个希望与过去相一致的目的地。我们

> 已经把过去抛诸脑后，剩下一种潜在的不安，担心我们身上将不
> 会留下任何属于过去的东西。[13]

　　李光耀认为，对宗教慰藉的追求"与社会的巨大压力有关"。同样重要的是，在经济增长和技术变革的双重冲击下，新加坡与其他新兴工业化经济体一样，正在迅速失去文化根基，失去祖先的道德和伦理基础。[14]因此，政府需要不懈地引导民众回归根本，即"崇尚节俭、勤劳奋斗、在大家庭中践行孝顺和忠诚，最重要的是尊重学术并重视教育"。[15]，历史学家弗兰克·吉布尼（Frank Gibney）如是评价："李光耀对儒家思想进行了创新性诠释，赋予其现代内涵，并将强调国家和谐统一的古老理念转变为新国家的爱国主义行为准则"。[16]

　　为了防范新加坡社会发展陷入停滞和衰退，政府还强调"卓越"和"生存"的理念。这些理念已经从国家层面渗透到大众层面，直至今日，已然成为政府言论的不可或缺的组成部分。正如吴作栋在1986年的一次公开讲话中所说：

> 　　我们长期生存的关键在于我们人民及领导人的精神和素质。
> 人民具有举足轻重的作用，既是国家的资源，也是拥有希望、恐
> 惧和渴望的个体……作为一个国家，组织形式不仅决定我们的进
> 步，更决定着国家的存亡。倘若我们无法做到这一点，我们的生
> 命将受到难以想象的巨大威胁。只要我们齐心协力，共筑愿景，
> 那么我们在有生之年便有望成为卓越的国家。[17]

　　为了确保国家生存并迈向"卓越国家"的目标，政府加大了对文化价值观宣传的力度。共同塑造当前急需的文化基石，应对未来的挑战和维持国家与社会的稳定。到20世纪90年代初，社会和经济指标显示："至1993

年，新加坡已经成为亚洲最宜居的国家，甚至超越了日本。"[18]就财富而言，世界银行1995年的一项调查将新加坡列为世界上最富裕国家第18位，人均国民生产总值为19 310美元。在购买力方面，新加坡排名第9位，人均购买力为20 470.19美元。[19]到2012年，新加坡已被世界银行列为世界最富裕国家第5位。[20]在上述两个方面，新加坡均领先于其前殖民统治者英国。然而，经济统计数据并非完美无缺。虽然新加坡的人均国民生产总值较高，但要在许多领域赶上发达国家仍需继续努力，例如生产力水平、技术创新或活跃的艺术氛围等非物质文化方面。毫无疑问，新加坡政府为自己的成就感到自豪。然而，高度成功的社会工程所带来的影响揭示了两个社会趋势："怕输"（Kiasu）文化的强化与保留，以及年轻有为的专业人才的流失。

怕输现象

在高度规范的社会中，对文化认同的寻求、无处不在的追求卓越，以及在各项努力中力争第一对新加坡人的心态产生了什么影响？这反过来又如何影响科学技术的发展？新加坡人形成的文化特质让政治领导人感到沮丧，这些文化特质在某种程度上与政府呼吁建设"创造性基础设施"的目标相左。更具体地说，这些特质与实现政府科技政策的目标以及创建一个发展和深化本土技术的技术创新型社会的目标背道而驰。

新加坡人的一个"突出"文化特质就是"怕输现象"，据称这种现象是源于在一个富裕的社会里，生存完全取决于每个个体"自谋生计"的能力。新加坡社会逐渐演变成这样，那些无法走上成功之路的人往往被视为"成事不足"的失败者。正如《海峡时报》报道的那样，典型的新加坡人"在压力中挣扎，为了提高生产率而陷入激烈的竞争、为了维持现状不断奔波，以至于他几乎没有时间善待自己或慷慨待人"。[21]怕输主义（kiasuism）一词源自闽南方言，意思是"害怕失败"。1997年版的澳大利亚《麦考瑞词典》(*Macquarie Dictionary*)将其定义为"对物有所值的渴望——这在新加坡被誉为一种民族情结"。它的哲学思想可以用卡通人物"怕输先生"在新加坡英语中推广的一句话来概括:"要么先手,要么没有"。极端的怕输主义促使新加坡人全心全意地追求自己的目标,确保物有所值。怕输主义体现了新加坡人的一个互补特征——新加坡人被称为"怕死"(kiasi),这是另一个闽南语词汇,意思是"不敢冒险"。在最糟糕的情况下,怕输主义给新加坡人在国外带来了一个不太好的名声,促使政府将年度礼仪宣传活动扩大到在海外旅行、学习和工作的人群。[22] 借以消除"丑陋的新加坡人"的形象,因为"怕输现象"甚至会导致自私和欺诈行为。

新加坡人也表现出对金钱的异常痴迷。事实上,可以毫不夸张地说,整个社会都是由金钱驱动的。政府解决问题的切实方法,通常以金钱为主要手段,催生了一种以财富来衡量个人社会地位的风气。随着新加坡变得越来越富裕,竞争从已故经济学家弗雷德·赫希(Fred Hirsch)所说的"物质经济"转向了"地位经济",在这种经济形态下,最终目标是获得有限的"地位商品",例如黄金地段的住宅、豪华汽车、"精英"教育以及"优越"的工作,而不是基本的物质商品。[23] 也许最广为人知的当地轶事是,尽管新加坡的汽车价格被吹捧为全球最贵,但新加坡人会毫不犹豫地买奔驰;"三叉星"的车标被视为"成功"的终极象征。正如吴作栋所解释的那样:"是那些更为成功的人士,或者说精英阶层,为大众设定了社会行为规范和生活方式范式。"[24] 毫不奇怪,新加坡人疯狂地努力致富,过着财富带给他们的生活。

许多轶事都表明了新加坡人的"货币化心态"和对美好生活的追求。新加坡人为了获取更多收入,频繁更换工作。新加坡制造商联合会在 1993 年的《新加坡制造业运营调查》(*Survey on Manufacturing Operations in Singapore*)中证实,跳槽已成为新加坡工人的一种习惯。总部位于芝加哥的国际调查研究公司于 1992—1993 年的另一项调查显示,新加坡工人"最有保障，但对薪酬最不满意"。[25]最能体现新加坡人追求金钱的证据是股票和房地产的投机活动。令人咋舌的是，股票热在一定程度上是由政府行为引发的，当时政府将新加坡电信（SingTel）进行私有化改造，并将股票提供给可以利用中央公积金储蓄购买股票和房产的新加坡人。一夜之间，新加坡首次有超过140万人成为一家在新加坡证券交易所上市的大型国家公用事业公司的直接股东。通过发出"股票"信号，政府利用了新加坡人赚取更多金钱的欲望；政府深知，新加坡人普遍存在的"怕输现象"和从众心理能够确保这一资本化过程的成功实施。人们排队数小时甚至数天购买股票和房产以获取可观的利润，这种情况并不罕见。有些人甚至抵押了自己的房产，以便积累更多的股份。20世纪70年代和80年代，在校本科学生也陷入了股票热，许多人随身携带寻呼机，以便随时联系他们的经纪人。许多人甚至申请银行贷款和透支额度来增强他们的"消费能力"。[26]如今，一些新加坡人甚至在年轻时候就开始了解股市。《海峡时报》报道了一位年仅23岁的"自学成才的投资者"，他在孩童时代就受到沃伦·巴菲特（Warren Buffet）的启发，对理财和涉足市场产生了热情。[27]"时间就是金钱"影响了新加坡年轻人的观念，使他们放弃了在法国或德国接受科技奖学金教育以及在本地两所大学完成相同领域研究生学习的机会。20世纪90年代，新加坡公共服务委员会（PSC）和新加坡经济发展局等奖学金机构证实，他们提供的奖学金数量超过了申请者。近年来，申请这两个欧洲国家奖学金的学生人数已经减少到5个以下。[28]这一趋势仍在继续，因为相关机构正在为外国学生提供大量博士阶段学习的奖学金，尤其是在科学和工程领域。对许多新加坡人而言，权衡赚钱与额外的全日制学习，是一个简单的机会成本的考量。

　　在新加坡社会中，"怕输现象"催生了从众心理，每个人都追求相同的目标并回避相同的风险。基本上，没有人想与众不同。新加坡年轻人在做出重要决策时尤其容易感受到来自同龄人的压力。在选择本科生大学课程和规划随后的职业道路时，往往受到保持群体一致性和已经"入行"的高年级学生建议的影响。因此，许多人（包括才华出众的人）倾向于优先选择那些有望赚取可观收入的课程，如会计、法律、医学和商科。相比之下，由于私营部门的就业机会有限，科学和工程通常被视为冷门专业。陈素文（Tan Su Wen）是新加坡同龄人中的佼佼者（排名前15%），她解释道："和其他年轻人一样，我真的没有认真考虑过工程。你只会把工程师的工作当成没有太多回报的苦差事。"[29] 陈素文最终成为南洋理工大学"博雅英才计划"的工程系学生，该项目提供融合文科、商科和工程学的综合课程，以及在硅谷等创新型公司的实习机会。[30] 新加坡作为许多跨国组织的中心，工程学一直备受欢迎，但年轻的工程毕业生选择随大流，从事不需要工程知识本身而只需要工程课程提供的分析方法的工作，比如外汇交易员，这在新加坡很常见。还有另一种趋势，专业的工程师在其职业生涯的某个阶段，报名参加商科或相关课程，以便晋升至管理层。这两种行为模式都可归因于"怕输现象"，害怕在激烈的竞争中失败，以及遵循从众做法或行为的安全感。然而，这一现象的首要原则仍然是"追求经济利益最大化"，只要道路清晰且行人众多。

当政府打造经济的"第二翼"，扩展新加坡在海外的商业利益时，不敢冒险的"怕输现象"阻碍了企业家的发展。与大胆冒险的中国香港企业家不同，新加坡企业家在追求金钱的同时，更加奉行"不冒险，不失败"的理念，这使人们对失败过于谨慎和警惕。虽然新加坡在培养商业企业家方面并未遇到太大困难，但面临着技术企业家严重短缺的问题。这种特殊类型的企业家不仅需要技术知识和毅力，还需要商业眼光和营销头脑。自20世纪70年代以来，政府一直表示担忧，新加坡最优秀的学者和工程师中，很少有人热衷于成为创业的技术专家。吴作栋早在1978年就说过：

为什么我们的工程师和其他专业人员在机会充足的情况下没

有挺身而出？他们是否失去了像祖先那样冒险的精神和勇气？我认为可能是因为他们从事专业实践带来的回报十分吸引人，足以劝阻他们不要冒险。[31]

在 20 世纪 90 年代（甚至今天），新加坡一直在努力解决本土技术企业家匮乏的问题，尽管政府多次保证新加坡的制造业仍在保持健康增长，从而"消除因成本上升而失去投资中心吸引力的担忧"。[32]例如，1960 年至 1990 年间，制造业占国内生产总值的比例从 16.9%（按 1985 年市场价格计算）增加到 29%。1994 年，新加坡创造了 58 亿美元制造业投资的历史纪录。一位国会议员准确地总结了问题的原因："如果资金不是问题，技术也可以学到，那么最后一个巨大的障碍就是我们的观念。只有我们克服这一心理障碍，为世界创造新事物，并为擅长进行符号分析的人才营造适宜的环境，我们才能迅速成为 21 世纪的发达国家。"[33]新加坡制造业声誉较低的原因是"制造业中缺乏取得巨大成功的本地媒体英雄"，即便有少数成功者，"与非制造业企业家相比，吸引的媒体关注也相对较少"。[34]

也许只有新加坡特有，技术企业家很可能是"潜伏在电脑商店柜台后面的"理工学院毕业生。[35]他进入商界要么是被裁员，要么是为了在竞争中领先于工程学位毕业生。创新科技公司创始人沈望傅（Sim Wong Hoo）便是众多成功管理企业的理工学院毕业生之一。然而，在当今"无国界"的世界里，许多突破性的技术创新，如智能手机，都是工程师、计算机程序员、产品设计师、品牌和营销人员共同努力的结果，他们通常都在世界不同地区工作。宝洁公司（P&G）的鲍勃·麦克唐纳（Bob McDonald）解释了公司"联系＋发展"项目（Connect & Develop）创新模式：

我们将与竞争对手、消费者、企业家、学术中心和发明家积极合作；这些合作伙伴可以通过我们的网站提供宝贵的意见和建议。例如，目前我们正在与一家供应商合作，他们的科学家在化学甲领域表现出色，而我们在美国的科学家在化学乙领域表现卓越。我们必须学会与外部个人和公司协同工作，即使我们之间存在语言、文化或理解上的差异。[36]

2014 年 3 月下旬，宝洁公司在亚洲的第三个创新中心——宝洁新加坡创新中心正式启用，极大地推动了新加坡团队的创新和研发工作，并进一步巩固了新加坡作为宝洁消费品业务和研发区域中心的地位。该中心坐落于启奥生命科学园，也是新加坡投资最大的私人研究设施，投资总额高达到 2.5 亿新元。中心设立时正值亚太地区人口和经济增长之际，对美容、家居护理、个人健康与护理等消费品的需求不断扩大。新加坡已经成为宝洁公司在亚太地区的区域总部。尽管成功的研发工作通常是团队合作的结果，但新加坡人的怕输态度往往使他们更倾向于以个体的方式运作，每个人都热衷于守卫自己的"利益范围"。即使在新加坡引以为荣的科技园内，来自各个研究机构和公司的科学家和工程师之间的信息共享或互动也较为有限。[37]

新加坡文化体系对本土技术创新发展的负面影响还体现在本地企业对待升级措施的态度上，包括员工再培训、开展内部研发活动以及投入资金聘请大学研究人员分享知识和专业技能等。许多公司缺乏支持员工创造力和创新能力提升的企业文化。与其他新加坡人一样，这些公司的管理层对他们的目标非常务实，关注焦点是在当前的商业环境下每个月可以赚取多少利润。换句话说，大多数公司都目光短浅，不鼓励或不急于涉足资源长期投入且回报不确定的工业研究项目。至于产业与大学的联系，"大学工作人员提供的援助大多是短期咨询服务"。[38]

简而言之，新加坡的文化体系在一定程度上抑制了个人的主动性，助长了从众性。国家不断灌输生存和卓越共识，在一定程度上强化了怕输主义。在个体和宏观层面的文化体系间形成了某种二元对立。一方面，新加坡人强烈渴望成为一名独行侠，以便了解并掌控一切；另一方面，如果局势良好，他的从众心理和"安全游戏"态度往往会驱使他走向某种形式的团队合作或集体整合。这种自相矛盾的情况导致个人和团体内部出现紧张和冲突。也许是一种反抗行为，或者仅仅是因为厌倦了过度监管的社会，成千上万的新加坡人离开了这个国家，到海外寻求更有意义的生活。

人才流失

为什么新加坡人会选择从一个被誉为清洁和绿色、安全有序、经济和技术繁荣的地方移民呢？讽刺的是，尽管新加坡在 20 世纪 70 年代和 80 年代经济高速增长，越来越多的熟练专业人士却移居美国、新西兰和澳大利亚等国家。公民登记处的统计数据显示，从 1977 年到 1987 年 10 月，有 10 916 人成为"人才流失"的一部分。[39] 许多人在 30 多岁和 40 岁出头时，出售房产和其他资产来"变现"，在移居国家过上舒适的生活，似乎成为一种策略，尤其是那些拥有高技能和干劲的群体。官方记录显示，在 1986 年至 1988 年期间，年龄在 20 岁至 49 岁之间，受过中等及以上教育的群体占了移民总人数的 85%。[40] 新加坡人才外流的关键因素包括不断上涨的生活成本，尤其是在住房和汽车消费方面的压力；政府过于家长式，过度干预并规范公民的社会行为，用管理小孩的方式管理公民，以及为了享受高品质生活必须以惊人的速度工作和竞争。20 多年过去了，新加坡人移民仍然是政府面临的一个问题。最近的几项研究表明，新加坡是一个不幸福的社会。新加坡政策研究所的一项研究发现，"年轻的新加坡人对在国外工作和生活持积极态度，但同时也为身为新加坡人感到自豪。超过 1/4 的受访者（总共 2 013 名）表示他们会考虑在未来 5 年内移民。"[41] 2012 年进行的盖洛普民意调查发现，新加坡是 148 个接受调查的国家中最不积极，也最不情绪化的国家。[42]新加坡国立大学商学院两位教授撰写的《幸福与福祉：新加坡经验》（*Happiness and Wellbeing：A Singaporean Experience*）一书提到，新加坡人在过去十年里变得越来越不幸福。[43]2003 年至 2013 年间，海外新加坡人数增加了 31%，从 2003 年的 157 100 人增加到 2013 年的 207 000 人。[44]

无论是政治还是其他方面的推动因素，新加坡人离开家乡的决定都会对国家产生重大影响。它揭示了忠诚度和归属感的深层次问题。准移民在心理上做好了背井离乡的准备，因为他们权衡后觉得利大于弊。然而，更不利的影响是技术人才的持续外流。这一趋势表明，几十年的威权政治未能为创造力、创新精神和思想自由创造有利环境。1988 年，政府承认，"每一个决定永久离开的新加坡人，尤其是有技能和才华的人，都是新加坡的损失。如果什么都不做，这一趋势将愈演愈烈，所有新加坡人的福祉将受到严重影响。"[45]这一观点在今天仍然适用。新加坡科学人才的流失已经是一个令人担忧的问题。

众所周知，科学家是一个高度流动的专业群体。一项关于 16 个国家的外国科学家流动模式的国际研究发现：

政策杠杆对于吸引科学家到国外工作或学习似乎极为重要。无论在哪个国家或地区，改善个人未来生活的机会或具有杰出教职员工、同事或研究团队都是移民的最重要原因。但政策杠杆在拉动移民回国方面似乎作用不大。对于这些回国者来说，无论在哪个国家，"个人或家庭原因"都是影响回国决定的最重要因素。然而，这并不意味着国家无法影响居住在国外的移民的回国决定。如上所述，来自少数国家的移民科学家报告说，他们未来是否回国将部分取决于就业市场状况。[46]

一段时间以来，中国、日本和韩国等东亚经济体一直在出台政策，吸引离开祖国的科学人才回国。中国政府被认为是世界上最积极出台政策扭转科学和创业人才流失的政府之一，这是中国成为全球经济和科技强国目标的一部分。[47]"千人计划"于2008年启动，旨在十年内吸引大约两千名在国外"著名"大学或研究机构担任教授或同等职位的研究人员以及企业家回国。新加坡也希望通过"新加坡科学家回国计划"（The Returning Singaporean Scientists Scheme）吸引在海外工作的顶尖科学家回国。"胡萝卜政策"的激励措施包括全额资助、帮助在新加坡的大学设立研究实验室等。[48]一位住在加利福尼亚州的新加坡生物医学工程科学家表达了他的观点：

> ……我不知道政府为什么不寻找在国外高科技国家积累了丰富经验的新加坡人才，让他们回国并成为初创企业的合伙人。中国和韩国有很多先例，这些国家鼓励成功的公民回国，为建设下一个经济体添砖加瓦。相反，新加坡政府似乎更倾向于非公民的"外国专家"。讽刺的是，我认识并曾与一些担任董事会顾问或董事的所谓名人合作过，他们在我崇拜名单中的排名并不靠前。对于那些负责挑选并"管理"他们以确保资金的有效利用并获得回报的新加坡官员来说，这意味着什么呢？据我所知，大多数政府赞助项目使用的衡量标准都过于浮夸，缺乏实际操作中初创企业交付成果的具体细节。

在社交媒体上，公众对这一"人才回归"倡议的反应大多是负面与讽刺的，评论包括"政府向外国人提供了3亿多美元的奖学金，而非奖励自己的公民，现在却需要斥资数百万美元来吸引他们回来"，"不幸的是，假若我们为新加坡科学家提供福利和奖励，恐怕只能吸引坏人和贪婪的人"

以及"政府过去常常从中国和印度引进价格低廉的科学家人才,但是新加坡科学家却受到美国猎头公司招聘和赏识,他们拥有优渥的薪酬待遇以及更高的生活质量。我不认为他们会选择回归"。[49]

缺乏足够数量的本土科学家和研究工程师,再加上工程师对研发的冷淡态度,使情况更加复杂。

对工程和研发的认知

在新加坡,研发并不是年轻工程师们渴望追求的职业。[50] 1993 年的一项问卷调查中,工程系本科生、工程师和技术人员列举的主要因素包括对研发缺乏个人兴趣、经济奖励不足、职业发展缓慢以及工作时间过长,这些因素造成了不必要的压力。新加坡工程师通常会给自己两到三年的时间,一位研究项目经理称之为工程师的"保质期",然后再做出是继续工作还是转行的关键决定。从参与调查的工程师和技术人员的工作变动次数可以看出,这种趋势反映了新加坡的跳槽现象。报告还指出新加坡工程师在制造业中展现出一些负面特征。虽然工程师不缺乏创造力、勤奋和努力,当他被分配指定任务并给予指导如何完成这些任务时,他会表现出色。然而,在大多数情况下,当独自完成一个项目时,很少有人主动探索完成工作的方法。工程师需要"灌输"具体的指示。新加坡工程师也缺乏耐心和决心去完成分配给他的项目。与这种文化态度相关的是新加坡人所奉行的"脚踏实地"的实用主义,他们过于务实,无法沉浸于创造新事物的纯粹快乐中,也缺乏探索事物运作方式和机制的愿望。两位新加坡半导体行业资深研究员认为,更严重的是,工程师在没有真正完成项目的情况下,就跳槽到另一家工程公司,认为自己已经获得了足够的专业知识和经验。他们的观点也得到新加坡政府 20 世纪 90 年代初期招募的两名中国台湾地区研发科学家的认同,他们在各自领域引领研发。根据他们的说法,经过两年的实践，工程师认为他已经掌握了知识和技能，渴望晋升到管理职位。但是，用其中一位科学家的话说，"研发两三年，你什么都不是，仍然没有经验却想成为管理者。你仍然称不上是合格的研究人员，因为你的思维方式已经出现了偏差"。

那么如何提升研发形象呢？早在 20 世纪 90 年代初，人们就普遍认为，新加坡研发政策的目标是树立高科技环境的形象，以便吸引更多外国公司投资并维持新加坡制造业的增长。因此，关键问题在于，科学技术或研发更多地被视为以"经济为中心"而非以"技术为中心"。正如一位中国台湾地区科学家重申的那样，问题在于研发的形象"已经为外国人树立起来，表明新加坡正在发展研发能力。但在基层，相关人员还没有真正到位。人们对研发的部分看法仍然停留在政府研究机构层面而不是商业界。如果需要进入下一阶段，不仅政府机构、商业界必须开展研发活动，还将扩展到更大的领域并提升研发的潜力"。[51] 大约 20 年前，一位居住在加利福尼亚的新加坡生物医学工程学家解释说：

> 我的印象是，总体而言，在制度层面上存在促进国家研发活动的强烈愿望，但在这一切的背后，似乎总是在微观和宏观层面存在着经济动机。政府显然有发展国家经济基础的动力，但人们同样受到投资科技初创企业所带来的财务回报的激励。政府在项目上投入大量资金，并成功地吸引了研发初创企业的外国合作伙伴（这是无本万利的生意，何乐不为呢？）。但这是否真的促进了有机增长，或者这只是证明了新加坡人在理财（投资）方面实力的另一个例子？在我看来，除非新加坡人亲眼看到这些高科技研发的成果以某种切实的方式使他们受益，否则研发对他们来说将永远是一个学术概念。[52]

最后，研发工程师是否愿意成为科技创业者？在 20 世纪 90 年代中期进行的访谈表明，人们普遍认为经验丰富的研发工程师并不热衷于自主创业。一位 30 岁出头的美国计算机制造商首席研发研究员并不认为自己会辞去工作并成为一名企业家。他觉得自己的工作既有挑战又有回报，没有理由独自冒险并面临不确定性。他解释说，跨国公司中经验丰富的研究人员倾向于留在原地，因为他们对薪水满意而且有安全感。跨国公司"提供稳定的工作并留住人才"，但跨国公司也是此类人才的重要来源。此外，与美国不同，可以作为榜样的新加坡本土科技企业家的成功案例并不多。在任何情况下，单靠技术技能并不能保证成功，它必须与商业头脑相结合。鉴于这些问题，他们"为什么要冒险呢？"另一方面，在他看来，文凭持有人更愿意面对这种风险，因为这样做有可能将公司做大，而不是作为一名员工停滞不前。[53] 对其他人来说，个人和家庭的考虑是阻碍他们创业的重要因素。

一位创新者也提到了家庭约束问题，他曾获得新加坡国家科技委员会创新资助计划的资助，用于启动他的彩色印刷处理专利商业化。以他个人经验来看，大概需要十年的工作经验才能准备好去创业。但到那时，个人和家庭的期望值会随之提高，这无疑增加了创业的难度。在大多数情况下，这会阻止他承担不必要的风险，例如出售或抵押他的房子，将他和妻子的积蓄投入到一项商业冒险中。他坦言"风险实在太高了"。作为决定面对此类风险的少数人之一，这位发明家告诫说，要想成功，必须具备两个要素——技术知识和商业头脑。通常情况下，技术创业者必须找到一个商业合作伙伴。[54] 20 年后，一位在新加坡国立大学自然历史博物馆的发展中发挥关键作用的海洋生物学家认同了这一观点。他补充道，政府可以"为他匹配一个商业伙伴，否则仅靠他而言，单凭害怕上当受骗就会阻止他创办一家公司"。[55]

政府现在鼓励大学教职员工创建高科技公司，作为他们研究工作的衍生品。该计划为新的初创企业提供大学内的所有设施和技术，同时给予早期的行政支持。之所以构思这个计划，是因为政府意识到，从跨国公司抽调经验丰富的研究人员来建立自己的企业的数量非常有限。虽然大学研究人员具备与各自领域的领导者竞争的实力和野心，但如何将研究转化为最终用户产品仍是一大挑战。但是，就新加坡研究生态系统而言，由于"缺乏市场和用户基础，研究人员对最终用户需求的理解有限"。[56]

一位负责大学与产业界联络的学者提到了另一个因素，即新加坡人的文化价值观使他们倾向于在商业中独立经营。这是因为他们想完全掌控全局，不愿意聘请职业经理人处理行政或财务事务。这种思想和行为是"怕输文化"的象征。据他介绍，麻省理工学院（MIT）的研究表明，集体努力可以大大提高技术创业的成功概率，也就是多人齐心协力，汇集知识和资源，共同应对高风险。但是这种团队合作的理念并没有植根于新加坡的文化体系。一位政府学者也认同这一解释，他是最早一批获得信息技术博士学位的新加坡人。他认为，与美国硅谷的环境不同，在新加坡，如果有人决定独自创业，不会产生技术和人力支持网络的供应链效应。创业只能靠自己，努力争取成功，就像殖民时代的早期移民一样。

今天对科学、工程和研发工作的认知也证实了科学和工程毕业生对研发的冷淡态度，他们普遍认为工程专业缺乏吸引力和职业前景。其无法吸引最优秀的学生有两个关键原因：一是工程职业的工资和职业前景有限；二是工程作为一个职业已经失去了光彩。新加坡工程师学会（IES）的乔·伊德斯（Joe Eades）给出了他的观点：

> 与30至40年前相比，现在让学生选择学习工程学，并鼓励工程毕业生将工程作为职业是一个挑战。这是因为年轻一代认为工程是一项艰苦且收入一般的工作，仅限于建筑工作。为缓解工

程师短缺的问题，新加坡工程师学会（IES）作为工程师的全国性学会，一直与政府机构紧密合作，通过全国工程师日等活动，呼吁本地青年才俊投身工程师行业。我们也鼓励在海外的工程师回到新加坡工作。去年（2013 年）9 月，工程师学会启动了特许工程师计划，提高工程标准和工程师认证的目标是为合格的工程师提供他们应得的薪水。[57]

　　近年来，列车服务频繁中断，暴露了对铁路工程具备深厚专业知识的一流工程师的缺乏。对于管理新加坡庞大的公共快速交通轨道系统的铁路工程师来说，职业发展机会是有限的。与其他行业的工程师一样，许多人可能会寻求工程领域以外的职业。为了提高铁路工程师的地位，他们现在可以努力成为特许工程师，就像他们在航空航天和化学工程领域的同行一样。[58]《海峡时报》总编辑韩福光（Han Fook Kwang）准确地指出："新加坡公共部门经验丰富的技术人员的流失和全国工程师的普遍短缺是一个严重的问题，其后果可能才刚刚显现。"[59]

　　一家领先的本土服务提供商，在印刷管理、计算机辅助设计与制图和建筑信息建模领域拥有约 200 名工程师。该公司的首席执行官表示："许多年轻的工程专业毕业生在公司待不到两年。他们更喜欢银行和金融等更有魅力的非工程类工作。"[60] 该公司的用人政策是优先考虑新加坡工程师，即便如此，尽管经常参加招聘会和路演，他们也很难招聘到应届（主要是机械）工程专业的毕业生。为了填补这一人才缺口，该公司已转向雇用外国工程师（主要来自菲律宾）。[61] 她推测，新工程师经常回避工程领域并申请金融和商业部门职位的一个可能原因是，他们对研究领域没有激情和浓厚的兴趣。由于没有选到首选的学习方向，他们被调剂进入机械工程专业。人们对工程研发的普遍冷漠也反映在科学领域，吸引年轻科学家面临困难。一位三十多岁的新加坡微生物学家详细地解释说：

从我自己与他人的互动中，我觉得随着时间的推移，热衷于做研究的人越来越少。换言之，越来越多的人正在离开研究领域。我能想到的主要原因是大多数新加坡人的工作生活方式。我深切地感到，当今社会缺乏工作与生活的平衡，加上一些研究实验室的工作时间不稳定，一些新加坡人宁愿放弃研究，去寻找一份"朝九晚五"的工作。在我工作的地方就遇到过一些这样的人。此外，一些新加坡人本身心理比较脆弱。一些人对研发抱有浓厚的兴趣，但这种兴趣在博士期间逐渐减弱，源于他们在博士期间面临不确定性，包括①发表论文不足；②工作时间长；③与导师冲突；④导师没有科研能力。其中工作时间长和科研能力不足是最常被提及的原因。一些新加坡人对研发持负面态度，也是因为与其他行业相比，研发的薪资较低，他们宁愿放弃科学，寻找薪水更高的工作。此外，对于研发人员而言，"晋升"的机会有限。最后，从新加坡学生的角度来看，缺乏奖学金机会以及奖学金相关要求和承诺，不足以吸引这些学生申请奖学金。因此，我们甚至可能要问自己，是不是因为新加坡人"过于软弱"而无法面对某些困难？[62]

虽然表达了他自己的观点和观察，但这位微生物学家透露的观点与20年前接受采访的科学家和研究人员相似。可以得出结论，观念的改变或文化特质的转变并不是一个容易解决的问题。

与金融分析师、医生或银行家等追求财富的行业不同，工程师职业不再受到年轻人或他们父母的重视。一位工程师是这样说的："对于工程师职业，似乎缺乏应有的尊重。随处可见有关金融和商业的信息，但对于工程师却鲜少提及。你什么时候在报纸或电视上看到过成功的工程师接受采访，什么时候看到过强调工程师成就及其对我们社会的贡献的文章。偶有媒体关注工程师不是出于尊重，更多是出于宣传。"[63]另一位工程师补充说：
"当你听到周围满是 40 多岁的银行家和财务经理退休成为百万富翁时，你
为什么要找一份沉闷的工程师工作？这份工作只能提供体面的薪水，既非
丰厚也非微薄？"[64]还有一种看法认为，工程师是"高级"的技术人员和
技师，有些技术人员和技师称自己为工程师。然而，两者之间存在着明显
差异。从根本上说，工程师是工程团队的组长，而技术人员和技师是实际
执行者。他们专注于工作的实际要素，是工程师的支持团队。鉴于对工程
专业的负面印象，各方正试图通过提高薪酬待遇和工程师协会的专业认证
来改变这些看法。[65]航空航天工程、计算机工程、信息工程和媒体以及工
业系统工程的毕业生正在受到青睐，能够获得更高的起薪。工程师协会还
在研究特许工程师的认证过程，以认可他们通过培训和工作经验获得的专
业能力。为了吸引工程学院申请者，新加坡的大学降低了入学要求。现在，
进入理工科比商科更容易。

　　必须指出，工程师和大学里的工程学所面临的问题和挑战并非新加
坡独有。一份关于韩国工程文化的研究报告指出，"尽管韩国过去对工程
学充满热情，但今天的情况似乎发生了改变。最近的趋势表明，许多工程
专业的学生放弃了学业，转而追求更理想的职业，如医学领域的高薪工
作"。[66]但是，研究人员补充说，工程师的供应量远远超过公司的需求，
因为韩国学校系统和课程是为了培养工程师而设计的。工程师供过于求导
致工资下降，进而影响了工程专业的前景。就日本而言，正如马丁·法克
勒（Martin Fackler）在《纽约时报》（*New York Times*）上报道的那样，该
国工程师数量日益短缺。[67]日本的大学将进入工程和技术相关领域的年轻
人数量下降称为 *rikei banare*，即"逃离理科"。人才短缺引发人们对日本竞
争力的担忧。即使是作为世界工程和技术创新强国的德国，也面临着熟练
工程师数量下降的问题，现在不得不调整移民法以招募外国工程师。[68]英
国也面临着工程师短缺的问题。为了激励下一代工程师和科学家，2014 年

启动"寻血猎犬"（Bloodhound）超音速汽车项目。这种汽车设计时速为 1 600 千米，旨在创造新的陆上速度世界纪录。但参与其中的人有更重要的目标——重振人们对自然科学的兴趣，培养下一代工程师和科学家。该项目得到了英国教育部的全力支持，鼓励学生参加与该项目相关的各种实践活动。[69]

综上所述，在新加坡社会中，为了满足物质需求采取务实的态度，往往会使有才华的科学和工程毕业生放弃追求更高学位的机会。虽然仅凭基础学位就能培养出优秀的研究人员，但对于新加坡来说，拥有自己的本土科技领域博士人才开展研发活动是至关重要的，而不是依赖外来人才。对于决定攻读科学和技术博士学位的有限数量的新加坡人来说，主要的驱动因素似乎是对特定研究领域的科学研究工作的热情。一位有前途的年轻博士科学家详细地阐述了这种热情：

> 四年前，促使我攻读博士学位的原因是我对科学研究的热情。在本科毕业后，我没有考虑攻读博士学位，然而，在新加坡免疫学研究网络担任研究官员的一年经历，激发了我对博士学术研究的热情，让我对研究生活有了非常清晰的了解。与著名研究人员合作的机会让我很多时候在科学上遭遇挑战。这些促使我逐渐成长为一名研究人员，我非常享受与同行互动、设计实验验证假设的过程。尽管博士生活或许充满挑战，但我对（免疫学和传染病）研究的兴趣在过去三年一直是我前行的动力，我希望通过研究，有助于人类更好地理解某些疾病。[70]

人们可以感受到微生物学家对研究工作的热情和激情，并感受到探索未知的"科学挑战"的无畏精神。另一位生物医学工程研发科学家回忆起他攻读博士学位并从事研发事业的情形：

一开始是为了在高科技国家获得高级学位的虚荣心，也知道这个目标是触手可及的。随着研究生生活的枯燥乏味，这种虚荣心很快便消磨殆尽。我离开了我原来的电气工程研究领域，加入了医学院的研究部门，认为这是我在没有医学博士的情况下进入医学领域的途径。这确实有效，因为我发现自己喜欢在医院环境中的互动。在本部门攻读博士学位同事的影响下，我做出了一个重大决定，转向生物医学工程专业。我在接下来的20多年里一直在医疗器械行业工作，主要从事研发。说实话，我从未想过自己会留在研发部门。为了追求所谓的"成功"，我的大多数同龄人和经理都相继担任公司高管职位，无论是否具备额外的业务相关资历。我既焦虑又争强好胜，也曾考虑过走类似的职业发展道路。但是，经过多年的思考与实践才意识到，让我充满激情的仍然是研发。研发带给我的是智胜他人、成为开拓者的那种快感。[71]

然而，新加坡的科技规划者应该记住，中国台湾地区和韩国之所以能够产生大量具有商业价值的技术创新，关键因素是这两个经济体都拥有大量的本土科学家和研究工程师，其中许多人是在美国获得博士学位的。这些人是变革的推动者，具有科学和技术领域的兴奋感和挑战感，并创造有利于技术创新的环境。即使对于像美国这样的工业化经济体来说，人们仍在共同努力说服更多的美国年轻人，科学或工程职业的回报是值得付出时间和精力的。考虑到新加坡社会对科学或技术并未展现特别的热衷和兴趣，我们可以说新加坡是一个技术创新型社会吗？

第七章

走向科技创新型社会

　　1982 年，野村综合研究所（Nomura Research Institute）的森谷正规（Masanori Moritani）对新加坡发展本国工业和技术创新的能力进行了坦率的评估。根据日本在工业和技术发展方面的成功经验，森谷确定了维持高科技增长所必需的七种文化特质，[1] 它们是勤奋、专业知识、应用能力、敏捷和足智多谋、周密整洁、精炼和组织能力。虽然新加坡人具备勤奋、敏捷和足智多谋的品质，但森谷对其余五项特质，尤其是培养专业知识和组织能力持保留态度。日本的工程师和一线工人深知需要在企业内积累较高水平的技术知识，从而成为"精通工作流程细节的见多识广的专家"。[2] 新加坡的工人在这一点上存在明显差异，"许多人在工作一两年后，便认为自己已经熟练掌握工作技能，并希望换另一份工作"。[3]

　　森谷本人淡化了日本是一个集体主义国家的看法，集体主义意味着在拥有绝对权力的领导者指令下协同行动。他澄清说，在一个团队中，每个成员都坦率地表达自己的观点，领导者协调不同的意见并达成共识。因此，自我克制和顺应需求的特质并不意味着被动或顺从。相反，他们要求具备提出建设性和创造性建议的能力，同时能够接纳个人主义，并随时准备向团队的最终决定妥协。在森谷看来，无论是在群体层面还是在组织层面，这种集体与个人之间的协调对于技术的快速发展至关重要。也许是为了回应他的观察，日本的品管圈（QCCs）概念被政府引入新加坡的工业领域，试图通过团队合作激发创意。1982 年，约有 2 000 个品管圈成立，到 1988 年，这一数字增至 56 000 个。[4] 在 1980 年至 1989 年期间，《海峡时报》上有 703 篇关于品管圈的文章和报道。特别是在 20 世纪 70 年代和 80 年代，新加坡积极向曾经的殖民统治者学习如何取得工业上的成功，李光耀曾表示，"尽管在日本占领期间的经历和日本人的特质让我学会了害怕，但我现在尊重并钦佩他们。他们的团结、纪律、智慧、勤奋和为国家牺牲的意愿，使他们成为一支强大的生产主力军"。[5] 森谷的建议以及品管圈概念，深受政府重视。新加坡一家专门从事移动广告的跨国公司的首席执行官（前信息技术研究员）回忆说："在 20 世纪 80 年代，鼓励年轻工程师以小团队形式进行实验，并有海外顶尖工程学院留学回国人员的加入。这项富有启发性的工作如能持续发展，很有可能为今天新加坡瓦次艾普（WhatsApp）应用程序奠定基础。"令人遗憾的是，到了 20 世纪 90 年代，这些小型项目被终止，工程师们都去实施教育和交通方面的国家项目。[6] 这一决策使得新加坡错失了技术突破的契机。自 20 世纪 80 年代新加坡推出科技政策并建设完善的科技基础设施以来，一个核心问题仍然存在：新加坡是否具备成为科技创新型社会的先决条件？

创新驱动的增长

迈克尔·波特于 1990 年关于国家竞争力的开创性研究中指出，新加坡的竞争优势完全来源于基本生产要素。新加坡被归为"要素驱动型"经济体。本土企业在产品或工艺技术较少或者技术廉价且容易获得的行业进行价格竞争。技术主要来源于工业化国家，而非本土创造。更高端产品设计和技术直接由在岛内设有生产基地的跨国公司提供。波特认为，尽管新加坡拥有出色的基础设施，且人均赴美留学的学生人数居全球之首，但"本土公司尚未显著发展，也没有在经济政策中得到足够重视"，并且该国"仍然是一个外国生产基地，而非真正的本土基地"。[7]根据波特的说法，像新加坡这样的国家要进入创新驱动阶段，（本土）企业不仅要吸收和改进其他国家的技术和方法，还要创造它们。创新的动力、实施创新的技能和指导创新方向的信号必须主要来自私营部门。[8]遗憾的是，直到 20 世纪 90 年代，新加坡的本土企业仍主要为跨国公司提供支持性服务。

对 20 世纪 80 年代报纸报道的随机抽样调查显示，公众对新加坡新工业发展方案中大力推广的高科技政策反应冷淡。1983 年 4 月的一份报告解释了新加坡人不热衷科学和技术研究的原因。[9]首先，经济理性迫使应届毕业生"放弃花三年时间做研究后可能找不到合适工作的风险。而新加坡的顶尖学生不想花四年时间攻读博士学位；他们宁愿加入银行和跨国公司，并尽可能快地爬上职业阶梯"。其次，"新加坡的文化和社会价值体系不鼓励学生在学术界谋求职业，因为研究型科学家往往收入不高，在新加坡这样的物质主义社会，这成为一大阻碍"。1985 年 4 月，时任科学委员会执行董事的文森特·叶（Vincent Yip）博士接受《海峡时报》采访时证实，本地企业家不愿意冒险投资科技项目。[10]他将这种心态归因于商人的"羊群心理"，他们愿意投资酒店、房地产、大宗商品和黄金，即使他们对这些领域没有深入的了解。通过此类投资，商人获得了快速的经济回报并积累了财富。1986 年 5 月的另一篇社论强调：

> 虽然跨国公司的研究具有一定潜力，但从长远来看，更深入的研发战略必须更多地依赖于蓬勃发展的当地商业界；与其他新兴工业化经济体相比，新加坡再次处于不利地位。我们的企业文

化主要是贸易文化，而不是工业文化。其他新兴工业化经济体已经形成了一个完整的工业部门，在竞争和发展的过程中不断寻找新的和更好的制造商。[11]

综上所述，到 20 世纪末，尽管投入了大量资金来培育研发文化，新加坡仍未能建立"创新驱动"的经济模式。这一困境促使经济规划者调整政策，着力通过推动经济增长轨迹朝着可持续的创新方向发展。[12] 2010 年 2 月，经济战略委员会（ESC）发布报告，目标是将新加坡建设成为亚洲的创新之都和知识中心，同时成为商业化的首选地点，即使这些创意并非源于新加坡。

经济战略委员会报告总结了实现知识经济三个主要目标背后的思维和策略，即培养高技能人才、构建创新型经济和打造独特的国际化城市；强调了发展创新型经济的两大关键问题。首先，需要吸引和培养研发商业化人才。这不仅包括研究人才，还包括创新者、技术转让专业人员、专利代理人和创业导师。报告特别指出，需要通过种子资金、支持小规模创新者和招聘具有创业技能的教师作为榜样，加强大学在培养和培训企业家方面的作用。规划者认识到在产品研究、专利申请、样品设计和最终制造各阶段存在巨大差距。在研发和产品开发阶段之后，最终产品的业务拓展和行业发展也是至关重要的步骤。在大多数情况下，发明人会止步于专利申请阶段。其中最关键的一环是填补后期资金缺口。这些资金将用于扩张、品牌推广和市场营销活动。新加坡科技大学（NTU）下属的一家生物医学仪器初创企业圣泰公司（SimTech）的研发总监解释说："从专利到产品商业化的过程，是潜在创新者面临的最大困扰。我们在新加坡有发明家申请专利，严格来说，这些专利在面向大众市场商业化之前不会产生任何收益。"[13] 该公司正处于测试 DNA 探测器设备的最后阶段，并已完成了与制造商合作商业化产品的各项程序。其次，强调设计驱动创新，建立认证体系，通过"新加坡设计"认证标志提升企业专业设计水平；目标是提升新加坡作为亚洲有前途且独特的设计之都的地位。产品设计以及设计工程师的缺口问题并不是新鲜事。早在 20 世纪 90 年代，企业家和研究工程师就已经不断地揭露这个问题。政府决心培育"创新驱动"的经济。

学者们对何为技术创新的含义做出了各自的解释。如第一章所述，经济历史学家乔尔·莫基尔将技术创新性社会定义为"产生的创新效益远远超过了发明和发展的成本，从而创造了免费午餐"[14]。根据莫基尔的说法，一个社会要具有技术创新的特征，必须具备三个条件。首先，必须有足够多的"聪明而富有创造力的创新者"，他们愿意承担高风险；其次，经济和社会制度必须提供内在和外在奖励来激励潜在的创新者；最后，创新需要社会的"多样性和宽容"，必须摒弃阻碍技术进步的"守旧不变"的力量。[15] 但是，莫基尔认为，每个社会中存在的对稳定的渴望可能会导致社会陷入"技术保守主义"状态，即"仅仅因为某种技术碰巧在过去使用过而倾向于采用它"。[16] 同样，麻省理工学院的埃里克·布林约尔松（Erik Brynjolfsson）和安德鲁·麦卡菲（Andrew McAfee）认为，美国之所以能够创造被称为"创意"的新思想和新理念，得益于这个国家拥有更加开放的文化、包容不同思维方式的教育系统、活跃的创业社区、优秀的科研型大学、可承受风险的融资、接受失败的文化以及对法治的尊重。[17]

日本和韩国是两个成功实现技术创新型社会的国家。经过一代人的努力，这两个东亚国家都从战争的创伤中崛起，完成了从技术模仿者到技术创新者的转变。日本于 1944 年逐渐摆脱了太平洋战争的阴影，韩国则于 1953 年从尚未结束的朝鲜战争中开始转变。在对日本筑波科学城的研究中，迪林（Dearing）确定了三个促成技术创新的互动过程：研究人员相互交流、合作开展研究项目和创造性工作。[18] 像日本这样资源有限的社会，决定国家竞争力的正是人民。日本学者堺屋太一（Taichi Sakaiya）将日本在出口大规模工业产品方面的竞争力归功于"日本的勤劳文化和软件文化"，这主要体现在日本人对人类努力价值的重视和对完美细节的执着追求。[19]

日本人学习如何避免"技术保守主义"的陷阱，正如"发明大王"中松义郎（Yoshiro Nakamatsu）所解释的，"我常常告诫年轻的发明家，不要把金钱作为主要的激励动力……而是要专注于对人类有益的想法上。如果你这样做，金钱自然会随之而来"。[20]前东京都知事石原慎太郎（Shintaro Ishihara）直言不讳地说道：

> 日本的创造力并不仅仅局限于科学和文化精英。创造力随处可见，来自各行各业的人们。我们在高科技领域的领先地位源于一支敏锐的创新型劳动力队伍。公司从上到下的每一个员工都做出了贡献，仅靠一个天才是远远不够的。其需要优秀的工程师和技术人员，把想法和实验发现转化为高质量的工业制成品。低次品率显示了日本卓越的技术能力，而精益求精的制造工艺显示其背后拥有一支优秀的员工队伍。[21]

至于韩国，历史在孕育技术创新文化方面也发挥了重要作用。在 16 世纪抗击日本侵略者的战争中，朝鲜人发明了名为"龟船"（turtle ship）的铁甲船，以及早期的火炮"火车（the hwahca）"，只要点燃导火索，就能发射 100 支箭。1965 年，日本签署承认韩国独立的条约后，韩国技术进步迅速。随之而来的是日本资金、获取日本工业专业知识的机会以及日本工程师和科学专家的到来。随着进入 20 世纪 90 年代的互联网时代，用金明玉（Myung Oak Kim）和山姆·贾菲（Sam Jaffe）的话来说："韩国找到了自身的发展状态，且到 2004 年，韩国已经成为一个技术天堂。"[22]

技术创新性指标

如何看待新加坡的创新发展呢？本地观察家经常引用新加坡国防科技

局（DSO）引以为傲的成就，该实验室拥有一支庞大的科学家和工程师团队。新加坡是最新国防技术的重要进口国，其国防部门在国家年度预算中占比最大。由于军事研发的敏感性，尚不清楚军事研发在多大程度上为具有商业潜力的民用技术创造了衍生品。由于军事技术多样化，衡量"衍生品"一直是一项挑战。美国进行的研究表明，技术人才转向军事研发导致科学家和工程师"可能严格遵循程序的规则，也可能促使科学家和工程师形成一套被多次证明会导致成本超支和生产逾期的价值观和程序，这在民用部门通常是致命的"。[23]然而，工业化国家出现了一种新的趋势，技术不断地朝着反方向发展，即民用高科技的主导地位可能会转化为军事技术的主导地位。[24]换句话说，由于商业技术要适应军事需求，人们正在创造科技发展的"主产品"。

新加坡在水资源管理方面的技术应用也值得称赞，它理所当然地可以为自己在环境和水技术方面的自主创新感到自豪。早在2006年，新加坡就将水处理技术和环境技术确定为关键的增长领域，新加坡已经具备成为研发基地和水资源处理的领先国家。在环境与水工业计划办公室（EWIPO）的引领下，国家研究基金会（NRF）已承诺投入4.7亿美元促进水务行业的研发。环境与水利工业计划办公室是一个由公共事业委员会（PUB）领导的跨机构组织，致力于将新加坡转变为全球水资源研究中心。通过资助前景广阔的研究项目，该机构培育前沿技术，并在新加坡创造一个蓬勃发展、充满活力的研究群体。如今，新加坡拥有100家国际和本地水务公司以及25个研究中心，水资源生态系统呈现出蓬勃发展的态势。公共事业委员会正积极与业界合作，提出可能对水资源世界产生影响的创新想法。过去，人们认为从海外购买技术成本低廉，而投资本土研究则过于昂贵。当地没有一家公司愿意接受挑战。随着全球市场的稳步增长，公司不得不扩大业务范围，寻找获取丰厚利润和创造更多就业岗位的机会。这些因素是企业重新思考过去"物美价廉"观念的动力。如今，星科金朋

（STATS ChipPAC）、艾瑞基因生物（Aromatrix）和新加坡凯发有限公司（Hyflux）等具有全球影响力的公司已经积累了技术系统集成方面的专业知识，并学会了构建和改进现有技术，使其适应本地应用。

　　新加坡拥有本地区最好的技术基础设施，甚至可以说是全球领先。这个城市国家成功地塑造了高科技城市的形象：拥有先进的信息技术基础设施，众多政府支持的研究机构，合理规划的科学园区和科技"走廊"，以及所谓的"皇冠上的明珠"启汇城（Fusionopolis）。启汇城集群位于新加坡西南部，占地 30 公顷；为信息和通信技术（ICT）、媒体、物理科学和工程产业增长提供了有利的环境。尖端的研究设施推动了科学研究和技术突破的无限可能性。周边设施便利，资源丰富，配备有公寓、食品、购物和娱乐中心以及公共快速交通系统，科学家和研究人员能够在此生活并开展研究。然而，值得注意的是，虽然与大学相关的科技园区和启汇城正在扩建以满足更多研发公司的需求，但它究竟是创新的"苗床"还是"飞地"的问题还有待探讨。

　　关于科技园区的研究表明，"位于科技园区的公司与当地大学之间的互动程度普遍较低，科技园区位置的选择既取决于这些独特地点所带来的地位和名气效应，也取决于创新优势方面的感知利益"。[25]在萨克森尼安（Saxenian）对硅谷和 128 号公路高科技带的比较研究中，她强调了社会交往和社会化过程的重要性不仅在研究中心和行业本身，也在更广泛的当地社区，以解释硅谷相对于 128 号公路的成功。[26]同样，卡斯特（Castells）和霍尔（Hall）也强调"社交网络确实是技术创新产生的基本要素"。[27]2003 年一项对新加坡科技园区的实证研究得出这样的结论，"并没有证据支持科技园区模式的普遍观念，即在适当的位置和令人印象深刻的房地产开发基础上，配以庞大的机构以及福利和激励措施，研发文化的协同作用必定会显著提升，并且承租企业之间的研发活动和合作程度往往相对较低……这些研究结果表明科技园区不过是最外向型全球城市的一种美化的房地产开发而已"。[28] 至于园区内的研究所，研究表明：

> 由于来源于国家研究机构，他们似乎比其他企业更容易融入园区。这些研究所积极参与研发，是因为得到了新加坡政府的资助……虽然受访者表示他们的主要活动是研发，但"更普通的杂务"是向私营企业提供测试和检验服务。这在他们日常运营中占了相当大的比例，但是这些服务的收入确实带来了盈利。[29]

研究指出，毗邻大学及其研究设施对园区企业的研发活动影响不大。[30]

还有统计数据显示，新加坡正逐渐发展成为一个更富有科学精神和创新精神的国家。在 20 世纪 90 年代初的一项研究中，艾斯蒙（Eisemon）和戴维斯（Davis）证实，新加坡大学的科学研究产出自 20 世纪 70 年代末以来显著增加——从 1977 年的 192 篇科学论文到 1987 年的 504 篇。[31]另外，出版《科学观察》（Science Watch）杂志的美国科学信息研究所指出，新加坡的科学论文产量从 1981 年的 167 篇增加到 1993 年的 1 220 篇。[32]根据 2014 年 3 月发布的《自然出版指数》（NPI），新加坡在科学研究产出方面排名第五，且自然出版指数产出在 2013 年几乎翻了一番。[33]新加坡的三大主要研究机构新加坡国立大学、南洋理工大学和新加坡科技研究局均跻身亚太区前二十。[34] 在 2015 年的自然指数世界排名中，南洋理工大学位列第 40 位，新加坡国立大学位列第 42 位，新加坡科技研究局从第 133 位上升到第 107 位。[35] 这个趋势意味着新加坡的基础科学研究，尤其是在自然科学、化学、物理学、数学以及分子遗传学、动植物科学等生物医学科学领域正在赢得世界科学界的尊重。工程领域类似的发展趋势明显。在最新的 2015 年 QS 世界大学学科排名中，新加坡国立大学和南洋理工大学在电气和电子工程领域排名分别为第 6 位和第 7 位。[36] 即便在教育领域，新加坡也有着出色的表现。国立教育学院（NIE）作为南洋理工大学的一部分，从 2014 年的第 14 位攀升至 2015 年的第 10 位。[37] 在全球创造力指数（GCI）排名中，这个城市国家也名列前茅。根据理查德·佛罗里达的开创性地利用全球创造力指数对 82 个国家进行的经济发展"3T"要素（技术、人才和宽容度）的评估，[38] 新加坡位列第 8 位。根据第五届《全球创新指数报告》，新加坡连续两年被评为亚洲最具创新力的国家。[39] 这一成就归功于训练有素的劳动力，强大的研究社区和成熟的金融市场。不过，报告也表明，"新加坡在创新投入方面表现出色，总体排名第 1 位，但在创新产出分项指数上仅排名第 11 位。这意味着尽管新加坡为创造最有利的创新环境进行了大量投资，但这些努力产出的结果却低于预期。在创新投入水平与产出结果的匹配方面，该国仅排名全球的第 83 位。"[40]

按照国际标准，新加坡人智力出众且受过良好教育。根据国际学生评估项目（PISA），新加坡青少年在解决问题方面名列世界前列。[41] 经济合作与发展组织教育特别顾问安德烈亚斯·施莱歇尔（Andreas Schleicher）表示，"这表明当今新加坡 15 岁的青少年学习速度快，极具探究精神，能够在陌生环境中解决非结构化的问题，并且擅长通过观察、探索和与复杂情景互动来产生新的见解"。[42] 在经济合作与发展组织的另一份全球优质教育排名报告中，新加坡高居榜首。[43] 紧随其后的依次是中国香港地区、韩国、日本和中国台湾地区。这表明亚洲整体表现优于西方，并回应了马凯硕（Kishore Mahbubani）的灵魂拷问："亚洲人能思考吗？"[44] 虽然取得了这些成就，政府仍在不断加强教育系统的投入，培养新加坡年轻人的创新思维。新加坡中小学课程设置和评估注重培养学生实际应用的技能。新加坡理工大学（SIT）和新加坡科技设计大学（SUTD）的成立，也为高等教育学生提供更多机会，通过跨学科和以实践为基础的学习培养创新能力。

专利统计现在也被广泛用于评估发明、创新产出的衡量指标。尽管专利主要反映"发明"成果而非"创新"产出，但它们确实为我们提供了关于国家创造力和创新力的深刻洞察。美国专利商标局表示，2001 年向新

加坡申请人授予了近 300 项专利。[45]世界知识产权组织（WIPO）的统计
数据显示，新加坡申请的专利数量从 2000 年的 705 项增加到 2012 年的
4 872 项。[46]新加坡知识产权局（IPOS）报告称，申请的专利数量从 2004
年的 641 项增加到 2014 年的 1 143 项，增长了 78%。[47]最后，新加坡科
技研究局的专利统计数据显示，授予的专利数量从 2002 年的 451 项增加
到 2013 年的 934 项，翻了一番。[48]不过，很难判断这些专利最终在多大
程度上转化为商业产品和工艺。在这提出两个假设，首先，被商业化的专
利数量非常有限；其次，这些发明远非前沿、突破性的技术。事实上，许
多发明并未立即应用到商业或工业中。有些经历了完整的孕育期，但未能
成为创新的产品、工艺或技术。即使美国每年发明大约一万个新产品，但
其中 80% 的产品都不具有商业价值。[49]发明者始终需要专利来保护他们
的发明吗？一种新趋势正在形成，尤其是在旧金山湾区和硅谷这另类自由
的"一切皆有可能"的环境中。无人机制造公司三维机器人（3DRobotics）
的创始人克里斯·安德森（Chris Anderson）解释道："如今，发明家越来
越多地选择公开分享他们的创新成果，完全不寻求专利保护。这就是开源、
知识共享（Creative Commons）以及所有其他替代传统知识产权保护的方
法。"[50]通过公开分享他们的想法，创作者们相信得到的回报超过了他们
付出的，因为他们在发明的过程中获得了免费的帮助和建议。知识共享是
一个帮助创新者与世界分享知识和创造力的技术平台。但是，在新加坡这
个"怕输、谨慎"的社会，公开分享具有商业潜力的创意并不是一种常态，
开放透明的创新分享方式需要时间来扎根和被接受。

　　尽管所有的排名均显示新加坡的教育体系正在培养能够应对 21 世纪经
济挑战的人才，但必须指出的是，这个城市国家还未能够培养出一流的科
学家、发明家、企业家和行业引领者。这些人通常具备机会和时间去追求
梦想、去勇于尝试、从失败中吸取教训重新开始。但是，新加坡仍有一些
杰出的新加坡技术创新者脱颖而出。创新科技（Creative Technology）公

司的沈望傅是 MP3 播放器的早期研发先驱者；科技公司崔克 2000（Trek 2000）的陈胜利（Henn Tan）是 U 盘的发明者；多次创业者王鹏程（Ong Peng Tsin）与他人共同创办了世界上最受欢迎的约会网站之一 Match. com 网站。政府可以欣慰地看到，新加坡的创业环境仍然活跃，过去 3 年（2012—2014）早期创业活动指数（TEA）一直保持在 10%~12%。而在 2006 年，该指数仅为 4.9%。[51] 不可否认的是，新加坡培养出了一批思维敏捷、善于解决问题、纪律严明的政府官员、技术专家和管理人员。他们在维持和组织整个国家的经济竞争力方面发挥着关键作用。然而，若因此断言新加坡人缺乏创造力，那就有失偏颇。新加坡人在城市更新、公共住房、工业和科技园区、交通等基础设施建设的规划、开发和管理方面展现了他们卓越的创造力和技能。当然，在提供金融、贸易和采购服务方面，新加坡人表现出了非凡的聪明才智。

新加坡科技企业家的崛起

在《新数字时代》（*The New Digital Age*）一书中，埃里克·施密特（Eric Schmidt）和贾里德·科恩（Jared Cohen）阐述了在一个高度互联的新时代，理解技术和技术变革的必要性。[52] 互联网如今已将全球经济中的各个企业紧密连接起来，同时也提供了一个宣泄社会紧张情绪的平台，这甚至可能引发革命性的变革，例如"阿拉伯之春"（the Arab Spring）事件。网络为人们在沟通方式、娱乐方式和电子商务方面开启了全新的赚钱机会。技术企业不断开发各种颠覆性技术。这些数字化变革正渗透到主流行业，如教育、零售、医疗保健、制造业、电信、交通、金融，甚至是国防领域。

近年来，新加坡在激励和奖励措施的推动下，已经涌现出一批敢于冒险的科技企业家。更为关键的是，他们具备独到的见解，能将最新的技术系统和应用融入创意创新产品与服务中。新加坡洞见创业投资公司（Innosight Ventures）的风险投资家斯科特·安东尼（Scott Anthony）分析了新加坡创业氛围浓郁的原因：宜人的工作和生活环境，助力初创企业早期发展活动的补助金和计划项目，以及鼓励和弘扬创业精神的氛围。[53]凭借高度商业友好型的管理理念和丰富的人才储备，新加坡成为个人或者企业不断推出创意和创新产品的温床，在当今这个由互联网连接的世界里，这些创新产品和创意有望改变全球商业格局。新加坡亚逸拉惹工业园（Ayer Rajah Industrial Estate）71号大楼正在成为这样一个孵化器，《经济学人》（*The Economist*）杂志将其称为"世界上最密集的创业生态系统"。[54]这里汇聚了100家初创企业、风险投资公司、科技孵化器和一个企业加速器。其中包括制造了世界上第一台名为无酵扁面包自动煎饼机（Rotimatic）的公司（Zimplistic）；新加坡首个科技加速器——快乐蛙数字加速器（Joyful Frog Digital Incubator）；国立大学企业管理的71号楼的"插头"孵化器（Plug-in@ Blk71）；为孤独症儿童设计治疗可穿设备的公司（T-Ware），以及提供云安全解决方案的公司（Ohanae）。在这个初创企业的生态系统中，投资者、企业家、工程师和软件开发人员之间只有一步之遥，互帮互助。在这里，投资者有机会接触到他们心仪的、刚起步的创新型公司；初创企业家可能会寻找到可以雇用或合作共同创业的技术人才。然而，与以色列等国家在商业模式、产品与解决方案匹配方面都具有独创性不同，新加坡的初创企业更倾向于对现有产品和流程的优化和提升。这种模式更像是"跟风创业"。此外，新加坡的初创企业通常先为本地市场制定解决方案，并且在本地实现一定的规模经济效益之后，才会考虑"走向全球"。

　　为了建构更具活力和可持续发展的初创企业生态系统，需要注入"创客文化"，即"独立创作"或DIY文化的技术延伸。重点应该放在独创的新技术应用上，鼓励发明和原型设计，注重学习实用技能并创造性地应用它们。创客们无须一开始就营造大规模。安德森（Anderson）认为，"如今的创客式家庭工作坊通过自己的网站或者 Etsy、eBay 等购物网站直接向世界各地的消费者销售产品，在创新上展开竞争"。[55] 新加坡的初创企业要想蓬勃发展，显然需要经历一个酝酿期，因为技术创新文化的形成不是一蹴而就的。为了维持这种技术创新氛围，必须涌现出更多突破性创新的成功案例，使新加坡跻身于世界研发版图。而事实上，确实有一些成功的案例值得分享。

曾被誉为新加坡科技领军企业的创新科技有限公司（Creative Technology），它的辉煌时代已经过去，成为竞争激烈和自身战略失误的牺牲品。是否会有另一家价值数十亿美元的科技公司，或者用极客的行话来说，一家"独角兽"应运而生？新加坡还有一些知名企业如万特（Venture Manufacturing）、星科金朋（Stats ChipPAC）和新加坡远程数据公司（Teledata Singapore）等。但是，它们缺乏足够的"吸引力"，无法成为科技领军者。[56] 这些企业大多为其他公司制造产品或提供信息技术系统。与拥有声霸卡的创新科技不同，这些公司都没有推出引领世界潮流的创新产品。一位常驻美国的新加坡生物医学工程研究员对此发表评论：

> 初创公司的成功案例将激励其他更多的企业，我认为应该将工作重心放在推动新加坡制造的技术领域发展上。在我对新加坡初创公司数据库的检索中，只找到少数这样的公司，即便如此，它们也往往"跟风"以消费类电子产品为中心，而非创新型产品。在新加坡人对自己的创新技术能力充满信心之前，他们只会羡慕别人。

新加坡初创企业 Zopim 于 2014 年 3 月被旧金山的 Zendesk 以 3 700 万美元收购，有力地证明了新加坡在数字信息软件技术领域培育杰出领军企业的能力。Zopim 以支持客户实时聊天小部件而闻名，被亚洲科技网站

（TechinAsia）称为"新加坡初创企业的宠儿"。[57]该公司的收购商已在纽约证券交易所申请上市，希望筹集 1.5 亿美元的资金。另一个新加坡本土"童话"成功案例是圣临公司（Secretlab），这是一家专注于生产电竞椅子的初创企业。其电竞椅"王座 1 号"（Throne V1）一经推出就被抢购一空，因此圣临公司在一个月内就实现了收支平衡。2015 年 10 月，该公司推出了新的创新产品"王座 2 号"（Throne V2）和高级版欧米茄（Omega），为游戏玩家和办公人员提供了更多选择。此外，本土的在线零售商诚蜂公司（Honestbee）也值得一提。该公司最近将杂货购物服务扩展到中国香港，并成功筹集到 1 500 万美元的资金。在个人科技创业方面，陈一鸣（Tan Chade Meng）的故事也颇具启发性。他曾是谷歌（Google）公司的一名软件工程师（当时谷歌还不太知名）。当谷歌上市时，陈一鸣一跃成为千万富翁，如今他在相对年轻的年龄就处于半退状态了。可以说，他的成功是时势造英雄。也可以说，如果新加坡曾经有过一个"快乐的好伙伴"（陈一鸣名片上的个性签名），那么肯定还能出现下一个。

新加坡政府加大了培育科技创业和科技初创企业的力度，继续寻找下一个市值超过 10 亿美元的科技领军企业。一些科技初创企业已经取得了一定程度的成功，被更有实力的公司和投资者收购。总部位于新加坡的视频流媒体提供商维奇（Viki）被日本电子商务巨头乐天株式会社（Rakuten）以 2.55 亿新元的价格收购，成为近年来最大的初创企业收购案。然而，维奇的创始人并非新加坡人，但该公司的成功离不开新加坡政府对创业的支持以及这个城市国家的战略地位。[58]一位在美国工作的新加坡生物医学工程研究员提出了他的观点：

据我所知，政府目前采取两种主要途径来促进初创企业的发展。一方面，鼓励机构研究人员研发新技术。问题是这些研究人员很难找到行业合作伙伴，而这正是开发实际产品所需要的。另一方面，产业孵化器由国外的投机商组成……例如，来自硅谷的风险投资公司，他们非常愿意接受政府的资金，投资引进的初创企业。然而风险投资家的动机与真正有兴趣开发自己创意的创业者大相径庭。因此，除非在当地寻找初创公司的创始人，否则最终只能吸引外国公司出于经济原因将其总部迁往新加坡。[59]

事实上，新加坡这个城市国家已经成为通往亚洲的跳板。外国初创企业将新加坡视为亚洲运营中心，主要瞄准中国和印度市场。作为新加坡"智慧国家"倡议的一部分，政府公开邀请全球的科技企业家和投资者将新加坡作为城市挑战（例如医疗保健、交通和人口老龄化）的试验田。[60]随着外国创新者涌入新加坡的初创企业领域，争夺有限的资金资源，本已为数不多的本土初创企业处境更加艰难。

科技初创企业的困境

众所周知，新加坡是全球范围内最容易创建公司或经商的地方之一。在经济学人智库（EIU）2014 年进行的一项针对未来 5 年营商吸引力评估的研究中，新加坡脱颖而出，荣登全球最佳营商地点宝座，超越了长期竞争对手中国香港地区。[61]新加坡的商业实践的审批流程具有高度便捷性，申请者可以在线提交申请，并在 24 小时内获得批准。外国投资者和科技企业家利用这种便利也就不足为奇了。新加坡是东南亚初创企业的首选地，该地区约有 40% 的初创企业收购发生在这个城市国家。[62]由 4 名芬兰游戏爱好者创建的游戏初创企业不休战队（Nonstop Games）成立于 2011 年，在 2014 年 8 月被《糖果传奇》（*Candy Crush Saga*）游戏的开发商国王数字娱乐公司（King Digital Entertainment）以 1.25 亿美元收购。尽管新加坡人在服务业和零售业方面拥有一定数量的企业，但发展科技初创企业并非易事。政府推出了一系列措施，包括提供随时可用的补助金，建立一个充满活力的初创企业生态系统，并在此过程中激励新加坡人进入信息通信技术和创办其他与技术相关的初创企业。[63] 然而，反响平平。为什么会这样？还缺少什么？一位读者在《海峡时报》上评论说，2009 年新加坡企业 50 强的评选中没有一个高科技创新企业。[64] 获奖的大多数企业都是零售和分销或者工程服务公司。人们提出了几个原因来解释这一现象。

虽然新加坡的科技创业生态系统经过几年的发展已经相当成熟，但离实现自我强化和自我维持的目标仍有一段距离。科技创业生态系统要像硅谷那样形成一个良性循环，有足够的企业家、技能和资金，确保每当一家初创公司倒闭，至少有一家新的公司及时出现。新加坡的两所主要大学新加坡国立大学和南洋理工大学积极鼓励和培育初创企业，但其中许多企业都需要依赖大学的持续资助才能维持运营。尽管大学研究人员希望将他们的研究商业化，但他们与企业之间的商业合作常常受限于知识产权这一棘手问题，也就是说，合作成果的归属权问题。许多研究人员对他们的工作充满热情，正如一位在美国的新加坡人所说："他们有雄心壮志，有能力与各自领域的领跑者竞争，但问题还是如何将这些研究转化为最终的用户产品。"无论在美国还是其他地方，这个问题都是普遍存在的，但对于新加坡的研究生态系统来说，缺乏市场和用户基础限制了他们对终端用户需求的理解。[65] 为了解决这个问题，南洋理工大学于 2014 年 4 月成立了创新公司（NTUitiv），旨在将初创企业的创新想法转化为商业业务。该公司提供具有创办和运营科技企业经验的导师，协助初创企业和衍生公司完善和验证商业理念。新加坡政府也与总部位于英国的企业孵化器"企业家至上"（Entrepreneur First）展开合作，共同提供创业者培训课程。因为很少有计算机科学家、工程师和软件开发人员转型为创业者，这一为期 6 个月的计划旨在填补这一空白。[66]

然而，长期以来，阻碍创业精神和初创企业文化迅速发展的是新加坡人对风险的规避态度。[67]正如美国风险投资家李仁（Ike Lee）所解释的，创业公司创始人通常充满激情，但他们倾向于关注短期成功而不是长期战略，这意味着失败往往不可避免的。[68]新加坡的年轻人尤其害怕失败，这种恐惧在很大程度上是他们的成长环境造成的，父母往往对孩子过度保护。考试成功和谋得一份高薪工作会给家庭带来骄傲，而失败则意味着"丢脸"。"成功"的社会压力迫使新加坡人，尤其是来自贫困家庭的人，迅速赚取稳定的收入，而不是创办一家可能在最初几年内无法保证收入的企业。乐于冒险和容忍失败并没有进入新加坡人的基因里。大学毕业生的目标往往是在跨国公司找到他们的第一份工作。对于政府学者来说，他们作为技术官员在公务员体制内的职业生涯早已规划妥当。在对新加坡大学生创业兴趣的研究中，王经文（C.K. Wang）和黄宝金（P.K. Wong）发现，虽然大学生"自己当老板"的愿望很高，但由于缺乏商业知识和对风险的感知，许多人实际上不会冒险尝试。[69]许朝福（Koh）和黄宝金在另一项研究中发现，受过正规教育的时间越长，从事创业的倾向就越小，而跨国公司为毕业生提供了充足的高薪工作机会。[70]对于敢于承担风险并愿意以企业对消费者模式（B2C）来创业的人来说，资金始终是"成败"的关键因素。[71]亚马逊、优兔（YouTube）和瓦次艾普等全球科技品牌背后的关键共同要素，在于盈利前或亏损阶段能够获得大量资金支持，数额通常高达数千万或数亿美元，直到这些公司拥有超过 500 万用户。显然，要孵化一个成功的本地企业对消费者模式品牌，在收入资金开始流动之前，需要具备更大的风险承受能力和充足的资金。然而，要转变新加坡整个社会在融资方面规避风险的观念并非易事。

新加坡的科技初创企业领域亟须能够"添翼"的天使投资者，例如中国的李开复（Lee Kai-Fu），一位备受瞩目的信息技术专业人士，曾任谷歌中国区总裁。2009 年，李开复创建了创新工场，为具有创新商业理念的中国年轻创业者提供孵化器。创新工场为他们提供全方位的支持，包括招聘人才、产品制造、管理，以及财务和法律咨询等。[72]像李开复这样的个人，可以通过培训和指导本地人才、提供资金支持和壮大创业社区来为新加坡的创业生态系统做出贡献。尽管在新加坡很难找到像李开复这样的人物，但渴望采用创新增长战略的中小型本地企业可以寻求类似海丽凯（Heliconia）的组织提供指导和资金支持。海丽凯是一家成立于 2010 年的政府资助机构。它拥有 2.5 亿美元的政府资本，投资有前途的本地公司，并培育其成为具有全球竞争力的企业。

新加坡创建科技生态系统的一个关键阻碍因素是缺乏能够承受风险的融资或资金。从 1983 年到 1992 年，风险投资业发展迅速，从 1983 年的 4 760 万美元增长到 1992 年的 26.43 亿美元，这表明新加坡正逐渐发展为区域基金管理和投资活动的中心。然而，与以色列和中国台湾地区不同，新加坡的风险投资是供给驱动的，也就是由政府驱动，而不是由初创企业和企业家的需求拉动的。许朝福和黄宝金将这一趋势归因于几个因素，即缺乏大量的企业家、创业的机会成本高，以及缺乏本土研发活动。[73]虽然有天使投资人愿意为合适的初创企业提供种子资金，但是在种子资金和孵化阶段后的早期成长阶段，由于缺乏融资，面临着可能跌入"死亡之谷"（投资者所称的资金缺口）的危险，获得巨额资金并不容易。[74]曾支持创新科技公司的新加坡风险投资公司祥峰投资（Vertex Venture）决定创建 1 亿美元基金，帮助本地信息通信技术和医疗保健领域的初创企业度过"死亡之谷"的资金缺口，这对创业来说是个福音。[75]此外，因为缺乏具有全球影响力潜力的有前途的初创企业，风险投资家们对新加坡望而却步。根据天使投资者莱斯利·罗（Leslie Loh）的说法，风险投资家会遵循一些基本标准：创新和差异化的产品、盈利能力强且具有可扩展的市场、有决心和热情的领导团队以及适当的风险回报配置。[76]一位生物工程初创企业的研发总监还强调了一个有趣的文化特征，该特征与新加坡人寻求资金支持有关。相对于外国人来说，新加坡本地人在寻求资金时非常保守。他们往往申请的金额仅能勉强覆盖运营和发展成本。同时，对于所获得的资金支持，他们有着深刻的"回报"道德义务感。因此，对失败的恐惧使初创企业承受着取得成功的巨大压力。他提到邻近一家由外籍人士经营的初创企业的案例，他们大胆地申请大量资金，并明确告知投资者他们不太可能推出最终产品。[77]事实上，也有一些本地初创企业筹集了资金，但未能交付最终产品。

　　三维海盗（Pirate3D）被新加坡科技企业家们誉为科技创新初创企业的典范。它的"新加坡制造皇家三维海盗（Buccaneer3D）"打印机被称为世界上最实惠的家用3D打印机之一。该公司成功地从世界各地的支持者那里筹集了150万美元的资金。[78]这款新加坡本地制造的3D打印机甚至在极具挑战性的日本零售市场站稳了脚跟，当时日本最大的消费电子零售商连锁店之一山田电机（Yamad-Denki）同意在两百家门店展示该打印机。然而，不幸的是，Pirate3D过去几年一直未能实现向支持者交付"皇家三维海盗"打印机的承诺。2015年10月，该公司宣布停止生产原有产品，并试图启动新一轮融资以制造更好的产品，这一举措进一步损害了公司已然受损的形象。[79]融合车库公司（Fusion Garage）则是另一个因未履行承诺而陷入困境的科技初创企业案例。在2009年，它与美国科技博客合作，共同开发备受期待的嘎吱平板电脑（CrunchPad）。尽管没有实际的产品，但这款硬件设备因在互联网浏览功能方面的潜力而受到认可。后来，融合车库公司退出了合作，嘎吱平板电脑实体产品从未面世。但融合车库随后宣布推出一款名为乔乔（JooJoo）的新产品，并承诺向支持者交付一款功能齐全的产品。与"皇家海盗"一样，乔乔平板电脑也被长期拖延，最终未能问世。融合车库公司被宣告破产，据报道其债务达4 000万美元。[80]一些观察人士会认为，三维海盗和融合车库背后的技术创业者在屡次失败后卷土重来，展现出坚忍不拔的精神和韧性，这通常被视为成功的技术企业的标志。但其他人认为，这些企业有责任履行道德和商业义务，如果不这样做，这些公司将会损害所有新加坡初创企业的声誉。

这两个案例揭示了技术产品创新过程的不确定性和风险，对于那些志在引领创新领域，创造全新产品类别的公司和初创企业，他们必须摆脱当前以硬件为中心的发展模式，寻求与各类商业伙伴的合作途径。电子行业的数字化意味着硬件的商品化速度比过去更快，而软件的重要性逐渐超越了硬件工程。成功的、可持续的创新通常源于对客户的深入洞察和创造性的商业模式，而不仅仅是单一的技术突破。

向韩国学习

在独立后的最初几十年里，新加坡从日本那里汲取了大量经济增长智慧和战略指导，特别是在确定技术增长轨迹方面。进入 21 世纪后，也许这个城市国家可以从曾经的"隐士王国"（Hermit Kingdom）韩国获得新的灵感。韩国从一个模仿引进技术的国家成功转变为一个创新型国家，并且能够主导电子游戏产业并将韩流文化广泛输出，韩国的转型历程为世界提供了宝贵的经验。[81]韩国的案例充分展示了政府在创建可持续的创新驱动增长路径中的核心作用。韩国政府主动制定政策，推动国家技术前沿的发展。将国家引领至尖端技术的前沿之后，在时任总统朴槿惠（Park Guen-hye）的领导下，韩国政府采取大胆而明确的措施，确保 21 世纪成为"韩国的世纪"。目标是通过新成立的科学资讯通信技术和未来规划部，在未来 3 年内投入 3.3 万亿韩元（约合 40 亿新元）培育初创企业，建设"创意经济"。在该部门官方网站上，对"创意经济"进行了详细的描述："结合了创造性想法、想象力和信息通信技术的创意资产在激发初创企业方面发挥着关键的作用。"新增长战略可以通过与现有产业融合来创造更多高质量就业机会，进而促使新市场和新产业的出现。[82]凭借向世界输出韩国流行音乐（K-pop）文化和娱乐产业的巨大成功，韩国政府正接受另一个创造性的挑战——向世界发展中国家输出韩国成功转型为世界级创新国家的模式。这被整合成一个知识共享的"财富工具包",是强调个人努力的塞缪尔·斯迈尔斯（Samuel Smiles）式自助读物和政府援助的马歇尔计划（Marshall Plan）的结合。涵盖的主题包括资金、国家建设专家的建议和国家建设战略。工具包核心部分是建议各国都应该建立由政府资助的研究和政策机构,帮助这些国家从第三世界国家转变为第一世界国家。这种由政府主导的大胆举措具有重大的积极乘数效应,从韩国和其他国家建立商业伙伴关系到这些国家购买韩国产品。2015年5月,谷歌正式在首尔江南区开设首个亚洲初创企业园区,这并非偶然。[83] 洪又妮（Euny Hong）解释了韩国政府在推广和营销韩国创新品牌成功的原因:

> 　　韩国的几乎每一个成功,都要归功于这种高度家长式的、大多数情况下仁慈的、可以称之为"自愿强制"的制度。韩国最近在制造业方面的繁荣、三星集团从食品成功转向半导体、国家庞大的互联网基础设施,以及流行文化的广泛输出,这些成就都离不开韩国人的共同信念,即对国家有利的就是对企业也有利的,对企业有利的就是对个人有利的。韩国人深信,利润并非零和博弈,任何一方都不应牺牲另一方的利益来获取利润,用经济学视角,这是一种共赢,每个人都能从中获益。[84]

有趣的是,新加坡政府也被广泛认为是具有家长式仁慈的政府。有些政策虽然严厉,但在政治领导人的眼中却是为了人民的利益,而且政府像管理"新加坡有限公司"一样经营着国家经济。新加坡人也被鼓励通过努力工作和不懈奋斗,每个人都能获得成功。尽管新加坡跻身"第一世界"的国家之列,生存的意识在独立后的几十年已经根植于新加坡社会,这仍然是新加坡人追求经济地位的重要驱动力。

总的来说，新加坡人是有创造力的，在艺术、时尚、娱乐和游戏领域，涌现出一批享有盛誉的人才。新加坡在城市规划、水资源管理和环境景观设计方面的创新实践，吸引着世界的关注。世界各地的知名学者和科学家也受邀到新加坡的大学参与教学或研究工作。然而，要培养出像已故的史蒂夫·乔布斯（Steve Jobs）那样的人才似乎还很遥远。虽然偶有媒体报道将本地研究标榜为"突破性"研究，但实际情况是新加坡要想在世界科技创新领域取得卓越成就，仍需付出巨大努力。新加坡是世界上最富有的国家之一，拥有巨大的外汇储备，这得益于它作为世界上最高产的服务经纪中心的历史和现实角色。

结　语

服务经纪文化的力量

新加坡的"研究、创新与企业计划 2015"（RIE 2015）的目标是将国家发展成为世界领先的研究密集型、创新型和创业型经济体之一。作为计划的一部分，新加坡政府在 2011—2015 年投资 161 亿美元。[1] 这比 2006—2010 年增加了 20%，表明新加坡继续致力于公共部门机构的基础研究和任务导向研究。这个城市国家正在审查科技计划和政策，为 2015 年的科研资金做准备，该资金可能高达 200 亿美元。2012 年，研发总支出为 72 亿美元，占国内生产总值的 2.1%。[2] 这与以色列和瑞典等小型先进国家的研发总支出数据相当。

尽管政府致力于研究、创新和企业，新加坡的科技政策仍然高度依赖外国投入。虽然政府可以投入资金维持科技研究局下属研究所和大学的研究工作，但是新加坡作为一个岛屿国家来说，实现科学和技术的自力更生是一项巨大的挑战，就像以色列、日本和韩国等小面积的国家一样。此外，外国专家的科技知识和技能向新加坡本地人的转移和扩散无法得到保证。新加坡出生的科学家和研究工程师数量没有达到临界值。新加坡人和永久

居民研究工程师的数量实际上下降了 1.5%，从 2011 年的 21 702 人下降到
2012 年的 21 380 人。另外一方面，外国研究科学家和工程师的数量同时
期增长了 12.2%。[3]虽然成为新加坡公民的"外国人才"可以在一定程度
上缓解这一问题，但这可能会加剧政府向外国人提供就业机会这一本已颇
具争议的问题。[4]特别是在生物医学领域，新加坡科学家的数量本就有限，
而且新加坡人普遍缺乏追求更高学位和开展研发活动的热情。更重要的是，
生物医学研发的投资回报是不可预测的。简而言之，新加坡积极进军生物
医学研究，最多只能达到吸引制药业大公司在新加坡设立工厂的目的，并
在此过程中为增加国家财富做出贡献。

　　展望未来，这个城市国家将致力于将其具有全球竞争力的高附加值制
造业维持在经济总量的 20% 至 25%。目前正转向复杂的制造业，这些领域
的专业知识和知识产权至关重要，如保健品、医疗设备等"关键任务"部
件的设计和生产，以及生物电子等跨学科领域。然而，尽管新加坡投入巨
大的财政资金并出台一系列政策来培育研发和技术创新文化，但距离跻身
尖端技术创新大国行列还"道阻且长"。这个城市国家还面临着来自中国
"二线"城市（尤其是苏州、杭州、成都和西安）的竞争，这些城市正在吸
引外国科技公司集群在那里设立研发机构。[5]他们拥有大量相关人才、更
低的运营成本和当地的产业支持。例如，三星电子于 2012 年在西安开设了
两个研究中心。虽然新加坡政府正在大力推动发展本土的科技驱动型创新
产业，但历史模式将继续影响并确保新加坡经济的可持续发展。

历史模式的延续

　　杰弗里·萨克斯（Jeffrey Sachs）认为，仅凭政治体制无法解释世界
上存在富裕和贫穷两种国家，就新加坡而言，除了包容所有人的政治体制
外，地理环境也是经济成功的关键因素。[6]事实上，地理位置是新加坡经

济成功的根本优势因素。新加坡位于东南亚贸易路线的十字路口和马来西亚－印度尼西亚群岛的中心地带，这一点经常被历史学家认为是 19 世纪殖民地迅速崛起的关键。在 14 世纪，新加坡已经成为马来西亚－印度尼西亚群岛的一个繁荣的贸易节点。[7] 经济学家和地理学家一致认为，经济增长是由特定地区、城市甚至街区推动和传播的。1987 年，菲利普·雷尼尔（Philippe Regnier）对新加坡经济崛起的解释是，新加坡的战略地理位置使其能够利用区域贸易的优势。[8] 新加坡的战略位置和连通性能够连接亚洲许多地区，这使其处于极为有利的地位。迈克尔·波特也重申了新加坡的地理位置在航运业获得竞争优势的重要性。[9] 因此，有一点是非常确定的，港口将继续成为这个城市国家财富的重要贡献者，正如《海峡时报》描述的那样，"新加坡的港口是几十年来经济发展轨迹的一个缩影，反映了根深蒂固的外向冲动和前瞻性战略，是生存的必要条件"。[10]

　　新加坡港拥有悠久的发展历史。[11] 作为大英帝国时期的重要组成部分，该港口曾是英国商船在公海上航行进行贸易和加油的关键节点，是英国总督和商人的骄傲。自吉宝港（Keppel Harbour）时代开始，该港口便与时俱进，与技术变革保持同步。事实上，新加坡港务局（PSA）对最新海事技术的不懈追求，是维持港口竞争力的关键因素。此外，新加坡港务局高度重视员工培训，积极培养他们在港口内部进行创新的能力，并营造有利于技术变革的企业文化。这是为了满足本地需求，对引进技术进行的创新和本土研发。[12] 自 20 世纪 80 年代以来，港口内部技术创新成绩显著，预示着港口的巨大成功。1987 年启用港口网（Portnet）信息系统，成功将新加坡港务局与所有客户和航运界联系起来。这一创新催生了无纸化文档，提高了信息交换和交易的准确性和效率。随后，在 20 世纪 80 年代末，港口引入了码头计算机综合操作系统（CITOS）和计算机综合航务营运系统（CIMOS）。码头计算机综合操作系统支持所有集装箱装卸作业的规划、指挥、控制和执行，而计算机综合航务营运系统则有助于管理和监测新加坡海峡日益增长的航运交通和港口活动。1997 年引入闸门自动化系统（Flow-Through Gate），该系统可在 25 秒内自动识别集装箱卡车并向驾驶员发出指示。2000 年，远程起重机操作和控制（RCOC）系统投入使用，使新加坡港务局摆脱了每个堆场起重机都需要操作员的传统堆场操作模式。操作员只需负责在底盘车道上装卸集装箱，其余操作均由完全自动化的桥式起重机（OHBC）完成，生产率提高了 6 倍。[13] 简而言之，新加坡港务局已经从一个"模仿者"成功转型为"创新者"，为其他本土组织树立了榜样。

技术创新使新加坡港口与世界其他港口建立了不可比拟的连接性。1996 年 2 月 2 日新加坡海事及港务管理局（MPA）的成立，有力地推动了新加坡港口和整个海运业的发展。新加坡海事及港务管理局的使命是将新加坡发展成为全球领先的枢纽港和国际海事中心，并促进和维护新加坡的战略海事利益。为实现这一目标，新加坡海事及港务管理局高度重视研发投资。在总额为 1.5 亿美元的海事创新与技术基金的支持下，新加坡海事及港务管理局已经在多个领域建立了海事研发能力，如自动化、仿真建模、数据分析工具，以及环保法规和降低能源成本的应对策略等。

尽管面临来自邻国港口，特别是马来西亚柔佛州丹绒贝勒帕斯港（Port of Tanjung Pelepas）日益激烈的竞争，新加坡港务局仍能保持作为世界上最繁忙的港口之一的地位。2015 年 6 月，巴西班让（Pasir Panjang）港口建设了两个新码头，为新加坡增加 1 500 万个标准箱（二十英尺当量单位）的吞吐量。使新加坡的集装箱吞吐量每年增长 40%，达到 5 000 万标准箱。除了具备停泊未来的巨型船舶的能力，新码头还配备了自动化轨道龙门起重机的集装箱堆场。这些起重机在计算机、传感器和摄像机的协同作业下进行集装箱的堆放。值得一提的是，这些设备均采用电力驱动，实现零排放。在全球航运中心的评比中，新加坡港一直名列前茅。[14]

凭借得天独厚的地理位置，自 19 世纪以来，新加坡这个城市国家历经近两百年的现代发展历程在该地区扮演着重要的"中间人"或购销商角色，新加坡的战略位置备受国际投资者和跨国公司的青睐，成为设立区域总部的"吸引"因素。在 19 世纪和 20 世纪 40 年代之前的几十年里，该岛的战略位置吸引了来自亚洲，特别是中国南部和印度的人口流入。新加坡成为"南洋"华侨的中心，这些华侨是现代新加坡的先驱建设者。在政府"开放"的移民政策的推动下，新加坡的这一历史作用仍在持续发挥，吸引着世界各地的国际人才汇聚于此。然而，关于新经济不需要知识工作者背井离乡的说法并不完全令人信服。正如托马斯·弗里德曼（Thomas Friedman）所言，"如果世界是平的，你无须移民即可创新"。[15]然而，全球范围内城市和城市中心的爆炸性增长充分证明，拥有市场技能和投资财力的人仍会不断寻找最合适和有利于实现经济和社会期望的地点。因此，可以肯定的是，在未来的几十年里，殖民时代培养的贸易和经纪文化将继续影响新加坡人和被"智慧国家"吸引来的外国人在创造财富方面的机会。

斯蒂芬·希尔（Stephen Hill）认为，文化不仅有韧性，而且可能会定格不变。希尔所说的文化定格是指这样一种情况："社会（或组织）的意义、知识和行动的整个互相关联的结构已经制度化或习惯化，成为一种连贯的做事和解释事物的方式，然后以极其缓慢的速度发生变化。"[16]这里的观点是新加坡的购销商业务和经纪角色已经随着时间的流逝得以保留，并且实际上得以加强和现代化。促使贸易和经纪活动得以保留和扩大的一个因素是，新加坡自殖民时代以来，一直是一个跨国的海外华人商业网络。该岛的地理位置、良好的电信基础设施和稳定的政治环境，促使本地区许多大型华商家族将新加坡作为发展商业和金融活动的基地。著名的例子包括来自印度尼西亚的罗新权（Robin Loh），领导丰隆金融集团的郭氏家族，银行家邱德拔（Khoo Teck Puat），黄廷方（Ng Teng Fong）和马来西亚的郭氏家族。大卫·普里斯特兰（David Priestland）通过分析三个社会阶层的角色来解释历史，这三个阶层分别是商业竞争性的商人、贵族和军事士兵以及官僚贤者。大卫将商人描述为这样的人：

具有两面性：一方面，他灵活、热衷于建立社交网络、愿意与各种人进行贸易，不论其社会阶层、种族和宗教信仰如何，显示了他"柔和"的宽容和自由；另一方面，他也有更"硬朗"、更道德化的一面，在与他人发生冲突时表现得尤为明显。因此，尽管他对效率和创新的热爱无疑有助于丰富整个人类，但商人在最短时间内追求最高利润的兴趣有时很难与特定社区的最广泛利益保持一致……[17]

总体而言，新加坡社会的多民族商人通过勤劳、节俭和毅力获得了成功，让人联想到 19 世纪的先锋商人和 20 世纪五六十年代的商业偶像。新加坡对中国资本的吸引力以及与中国商业界的密切"关系"使这个城市国家在区域交易中保持着中介作用。个人和家族企业的财富积累不是通过科学知识的投入，而是通过商业头脑、抓住机会和足够的运气实现的。

经纪服务行业的持续重要性

与中国香港地区一样，新加坡的增长引擎一直是服务行业。该行业为303 万工人和雇员中的 80% 提供了工作机会，并创造了超过 70% 的国内生产总值。有趣的是，与新加坡相比，中国香港地区的研发支出微乎其微。2012 年，中国香港地区的研发总值仅占 0.73%，仅有 25 264 名研究型科学家和工程师。[18] 尽管中国香港地区的研发领域微不足道，但在无数富有进取心的中小型公司和强大的金融部门的支持下，中国香港地区仍然是一个充满活力的经济体。由于进口商热衷于进入庞大的中国腹地，中国香港地区也已成为商业、贸易和金融的国际中心，吸引了渴望进入中国内陆市场的进口商，这迫使新加坡参加一场激烈的竞赛。根据新加坡金融管理局（MAS）在半年期宏观经济评论中的说法，服务业的活动将继续在经济中发

挥越来越重要的作用。2013 年，服务业产值占总产值的比例超过 2/3，约
为 72%。[19] 除航运、物流和仓储外，银行、金融和保险在经济中占很大比
重。新加坡金融管理局指出，该国的比较优势在于提供"现代服务"，如金
融和保险、电信和其他商业服务，这些服务在 2003 年至 2013 年期间从服
务出口总额的 35% 增长到 40%。[20] 服务出口日益重要的另一个原因是向
更多以服务为基础的制造业转变，企业越来越多地提供与其生产的商品互
补的服务。

　　新加坡目前作为"亚洲的瑞士"和世界主要金融中心之一，是政府
在 20 世纪 60 年代决策的结果。早在 1968 年，政府就为新加坡在贸易和
服务方面的核心竞争力奠定了基础，当时政府创建了亚洲美元市场，为该
地区的经济发展输送资金。[21] 到 1994 年，新加坡已成为全球第四大进行
国际货币交易的亚洲外汇交易中心。用李光耀的话说，政府的任务是"效
仿主要金融中心的最佳特征——苏黎世的安全避风港；芝加哥期货交易所
的活力；纽约和伦敦的创造力"。[22] 巴黎政治学院的教授霍华德·戴维斯
（Howard Davies）写道："中国香港地区和新加坡精明地打出了自己的牌，
将与中国有紧密联系的亚洲市场和英国法律和产权体系相结合，继续提供
了强大的竞争优势，在基金管理领域尤其如此。中国企业可能会越来越多
地在上海筹集资金，但有资金投资的富裕中国人有更多的选择。"[23] 新加
坡凭借其卓越的信息技术基础设施，被希望扩大国际影响力的中国公司视
为跳板。在这方面，新加坡政府积极发挥其传统的贸易商角色，吸引中国
企业及其投资。[24] 2014 年 10 月，新加坡元加入了允许以人民币直接交易
的货币俱乐部。这一里程碑式的举措，无疑是对新加坡在人民币国际化进
程中的作用的明确认可，并提升了新加坡共和国作为全球金融中心的地位。
作为世界第二大人民币交易中心（仅次于中国香港地区），新加坡吸引了
中国的顶级企业家将资金投入在这个城市国家。目前正在努力建设必要的
金融分析师、基金经理和投资银行家的关键人才群体，以提高该国在筹资、

资产和金融管理方面的专业知识水平。

　　作为全球金融中心，新加坡可以利用快速增长的技术来发展金融创新，特别是在非洲和亚洲金融市场。金融科技，英语简称为"fintech"，是一种基于使用软件技术提供金融服务的业务领域。金融科技公司通常是初创公司，是颠覆现有的金融系统和较少依赖软件的公司。[25] 金融科技风险投资家弗拉迪斯拉夫·索洛基（Vladislav Solodkiy）解释了他认为新加坡是世界上最适合金融创新的地方的原因。[26] 新加坡把自己定位为创业家创新和商业化创意的"实验室"或"试验田"，提供友好的商业环境，并有严格的知识产权和金融程序透明度。2015 年 6 月，政府启动了一项 2.25 亿美元的计划，帮助金融公司建立创新实验室并资助金融技术服务的基础设施建设。这是金融领域科技与创新（FSTI）计划的一部分，旨在将新加坡建成一个智能金融中心，而这又是政府建设"智慧国家"计划的一部分。[27]

　　为了在高科技竞争中获得有效竞争，新加坡需要培养更多罗伯特·赖奇所说的"擅长进行符号分析和解决问题的人才"，他们以"质量、独创性、聪明，以及解决、识别或促成新问题的速度"而著称。[28] 比尔·盖茨和已故的史蒂夫·乔布斯是杰出的战略经纪人。除了研究科学家和专业工程师之外，还包括投资和金融经纪人、顾问、房地产开发商，以及其他有能力"有效部署资源或转移金融资产，或以其他方式节省时间和精力"的人。[29] 虽然新加坡仍然希望培养出像乔布斯一样的人才，但在日益复杂和专业化的服务领域，这个小城市国家肯定不缺乏符号分析家——金融规划、投资银行、物流、外汇交易、广告、税收和会计咨询、知识产权法律服务、通信和信息系统以及市场研究。服务业的研发更多的目的是使交付过程系统化和引进新技术以提高生产率。这也表明了这个小城市国家在实现创新驱动的增长方面付出的努力。正如波特所解释的那样，"在多种商业类别和复杂的一般商业服务中竞争成功是实现真正创新驱动竞争优势的标志"。[30]

当今的新加坡仍然是一个由贸易商、中间商和经纪人组成的国家。有许多讲述新加坡人通过经纪角色获得大量个人财富的成功故事。所谓的"硬科学"从来都不是这些土生土长、以华人为主导的企业集团的发展过程中的关键组成部分，例如已故银行家陈振传（Tan Chin Tuan）建立的企业集团式的公司网络。[31]记者李舒珊（Lee Su Shyan）写道："看看新加坡的富豪排行榜，就可以清楚地看到这是一个创造力和创新不如房地产重要的国家。"[32]2014 年，新加坡 32 名亿万富翁以及 1 300 多名净资产超过 3 000 万美元的超级富豪的大部分财富都来自房地产和商业及金融投资。[33]如果不是因为近年来房地产市场不景气和亚洲股票表现不佳，这些自成一家的富豪人数会更多。他们是新加坡经济成功的标志，被许多人看作是追求的标杆。他们是不借助研发就创造了商业帝国的企业家。直到 21 世纪，新加坡才积极利用信息和通信技术进步的形式进行创新，以提高他们业务的盈利能力，并在总体上提高新加坡金融和经纪服务产业的生产力。与中国香港地区一样，新加坡也有一大批本土企业家，他们经营着中小型企业。然而，这些企业家活跃在每一个产业，除了高端制造业，因为高端制造业需要大量的科技知识和技能的投入。李曹圆（Lee Tsao Yuan）和刘琳达（Linda Low）对新加坡本地企业家发展进行了实证研究，得出的结论是，虽然新加坡并不缺乏企业家，但他们中的大多数都进入了商业和服务业，而不是工业领域。[34]与其说这些人在发明东西，不如说他们在不断地运用创造性的思维管理理念和满足人们的需求。

向前迈进

新加坡目前正在转向创新驱动增长。它为启汇城和世界一流大学进行的基础科学研究提供充足的公共资金支持。它有一系列的政策来培育文化创业和初创企业文化。新加坡在许多领域都名列前茅，包括经济表现、竞争力和商业环境到外籍人士的高品质生活方式等。[35] 在制造业方面，新加坡已经转向非常利基的高附加值行业，如精密工程、运输工程、航空航天、海洋和离岸工程。对于信息技术行业来说，变革的形式是从传统的软件和硬件系统向云计算、移动计算和"清洁技术"的根本性转变。尽管新加坡制造业联合会强调了一项调查，该调查显示在接受调查的 250 家制造业公司中，只有 6% 的公司对其运营的某些方面进行了重塑，以产生更大的价值，但本地制造商仍被鼓励进行创新。[36]

为了在未来的几十年里在创新的阶梯上更上一层楼，政府已经宣布其战略将从"增值"转向"创造价值"。[37] 从本质上讲，这意味着从仅仅模仿和改进现有产品和服务转向重新发明和创造新产品和服务。与其争夺"新加坡制造"，不如争取"在新加坡创造"。日本人和韩国人已经成功实现了从模仿者到创新者的飞跃。新加坡也能做到吗？

新加坡发展技术创新和自力更生的经济还有很长的路要走，这是由各种复杂的因素造成的。对本地制造商来说，要创新和提高生产力，通常意味着用最新技术取代旧机器，而不是培养工人的深层次技能。但是，购买最新的设备是一回事，是否有能力维护和解决这一技术问题则是另一回事。公司需要向设备制造商请求技术援助来处理故障，这并不奇怪，因为当地工程师没有能力这样做。虽然逆向工程的趋势日益明显，但与韩国不同，新加坡企业的目的更多的是为了复制和生产类似和更便宜的产品，而不是为了创新和生产更好的产品。此外，还缺乏足够数量的本土科学家、研究型工程师、技术企业家和专家人员，能够提供建议并完成发明—创新—商业化的产品开发周期的烦琐事务。由于接受高等教育的费用不断增加，以及劳动力市场优先雇用新加坡公民，新加坡作为区域教育中心的吸引力越来越小，这使得知识型经济的人才库更加有限。对于那些享受大学学费补贴的外国学生来说，他们毕业后找到工作以便履行在新加坡服务 3 年的承诺变得越来越困难。

　　此外，利润丰厚的服务中介行业也在不断吸引着科学与工程专业的毕业生，因为新加坡人的激励因素深深植根于这个城市国家的文化和历史中。不管喜不喜欢，多数务实的新加坡人的目标是经济稳定，而不是具有不确定因素的为了获得技术突破的研发活动。在新加坡，5C（现金、汽车、公寓、信用卡和乡村俱乐部）的梦想仍然非常适用。务实的社会也提倡这样的做法：第一，"最好是从事有政府支持的、能保证有一定收益的事情"；第二，"等别人已经做了再加入其中。"这种规避风险或"守旧"的态度，反映了造成"新加坡创造力"逐渐消失的"怕输""怕死"现象。[38]

　　虽然有必要提升新加坡人的技能，以应对技术先进的经济体的挑战，但在未来几十年，新加坡的增长战略将继续依靠其历史优势和人民的文化特质。经济规划者在推动新加坡成为全球领先的金融、商业及物流中心的努力是正确的，这个中心连接全球和亚洲商业界。这就是新加坡所扮演的现代购销商角色的典型体现。新加坡拥有自己的经纪和投资公司淡马锡控股（Temasek Holdings），是国际投资的主要参与者，与中国香港地区的富豪、阿拉伯联合酋长国酋长和其他大公司竞争。淡马锡最近宣布，将向新加坡最大和最古老的风险投资公司祥峰投资注入 8.57 亿美元，以便它能够成为全球参与者。[39]资金的注入将使祥峰投资能够在创新和技术颠覆的热点地区（美国、以色列和中国）进行投资，而此前它主要集中在新加坡。也有许多成功的本地公司扮演着中间人的角色，作为下游客户和上游供应商之间的接口，从世界各地寻找客户所需的材料和服务。这个城市国家的目标是成为跨国公司的创新中心，成为寻求利用崛起的亚洲所提供的机会的全球参与者的基地，以及寻求拓展本国市场的亚洲企业的基地。借助其地理位置和有利的商业环境，从制药和制造业到消费品和营销不同行业越来越多的公司正在将其核心业务转移到该地区，以满足亚洲市场的需求。新加坡可以作为一个重要的神经中枢，新产品和服务的创意可以在这里诞生、测试并最终在本地区和世界各地商业化。

为了支持新加坡创新驱动型增长，受过教育的新加坡人需要具有智慧、价值观和特质，可以成为赖奇所说的"符号分析家和经纪人"以及佛罗里达提到的商业和贸易中的"创意阶层"。他们无须成为技术专家，因为这些人对经济增长的真正价值来自他们的创造力。他们知道对特定媒介（如软件、音乐、娱乐、物理学等）可以做什么，为特定市场可以做什么以及如何最好地组织工作。他们就是罗伯特·莱许（Robert Reich）所说的当今知识经济的"怪才"和"心理医生"，即"创新大师"，而创新是新经济的核心。[40]新加坡政府正在为其创意阶层的成长和繁荣创造一个"创意之地"。这个高度城市化的国家旨在展示一个生态系统，该生态系统投资并利用人才，吸引并激励创意阶层的新成员。正如李光耀所建议的那样，新加坡可以有自己的"小波希米亚"，在那里，严格的纪律和秩序感可以让位于创造性的混乱，从而产生创新，激励创业，最终孕育出自己的硅谷。[41]批评者会认为，经过政府数十年的社会工程，新加坡要克隆出理查德·佛罗里达式的创意功能城市并不容易。显然，要培育一个"创意新加坡"，让所有新加坡人都成为创意人士，旅程的起点必须是教育系统。新加坡的教育品牌经常被誉为是一个高绩效的系统，培养出在国际测试中表现出色的学生。但是，尽管有这么多的赞誉，这个系统仍然被普遍认为是扼杀创造力的系统，在学前教育阶段也是如此。然而，重要的进展是，政府正在朝着实现其愿景的方向迈进，使这个城市国家成为人们能够产生创意思想并付诸实践的地方。以研究全球化而闻名的荷兰社会学家萨斯基亚·萨森（Saskia Sessen）将新加坡列为世界三大利基型全球城市之一，它为全球提供专业知识，特别是港口管理和金融服务的知识，世界各地的人们都选择到这里来生活和工作。[42]

这将是一个有趣的案例研究，探讨一个没有任何自然资源、历史上作为贸易港口和经纪中心而发展起来的小国，是否能够蜕变为一个科技创新国家。新加坡的投资驱动型经济已经成功吸引了高科技公司在该国设立业务。还有待观察的是新加坡高度积极的研发政策的结果,该政策旨在实现本土创新驱动的经济增长。虽然随着时间的推移,历史先例的影响可能会减弱,但历史和文化是新加坡领导人在国家寻求技术创造力的过程中需要考虑的重要因素。历史上,新加坡并不像作为全球经济和金融中心一样以工程实力强大而著称,但该国 20 世纪早期在港口管理、炼油厂和水资源管理方面的尝试,为这个城市国家当前在这些领域的技术实力奠定了坚实的基础。用李光耀的话说,"政策的政治、经济、社会和文化影响需要一代人以上的时间来显现出来"。[43] 这个城市国家花了一代人的时间将自己从"第三世界变成第一世界"。也许,新加坡也需要同样的时间,才能实现由交易国家转变成一个科技创新国家的目标。

注　释

引言

[1] Lee Kuan Yew, *From Third World to First: The Singapore Story 1965—2000* (Singapore: Straits Times Press, 2000), p.67.

第一章　从依附理论到创意创新

[1] A.G. Frank, *Capitalism and Underdevelopment in Latin America*（New York: Monthly Press Review, 1967）; S. Amin, *Neo-colonialism in West Africa*, Francis McDonagh 从法文译出（Harmondsworth: Penguin, 1973）.

[2] A.G. Frank, "Global Crisis and Transformation", 载于 *Development and Change* 14（1984）: 323-46.

[3] F.H. Cardoso, "North-South Relations in the Present Context: A New Dependency", 载于 *The New Global Economy in the Information Age: Reflections on our Changing World*, by M. Carnoy, M. Castello, S. Cohen and F.H. Cardoso（Pennsylvania: Pennsylvania State University Press, 1993）, p. 156.

[4] 同上，156-157 页。

[5] N. Rosenberg, *Perspective on Technology*（Cambridge: Cambridge University Press, 1976）, pp. 146-47.

[6] 最近对"雁阵模式"的重新解释，见 T. Ozawa, "The（Japan-Born）'Flying Geese' Theory of Economic Development Revisited-and Reformulated from a Structuralist Perspective", Columbia Business School Working Paper Series, No.291（Columbia University in the City of New York, October 2010）。

[7] 见 M. Bernard and J. Ravenhill, "Beyond Product Cycles and Flying Geese: Regionalisation, Hierarchy and Industrialisation of East Asia", *World Politics* 47（1995）: 171-209.

[8] M. Abramovitz, "Catching Up, Forging Ahead, and Falling Behind", *Journal of Economic History* 46, no. 2（1986）: 385-406.

[9] 同上，388-390 页。

[10] 同上，390 页。

[11] B. Heitger, "Comparative Economic Growth: Catching Up in East Asia", *ASEAN Economic Bulletin* 10, no. 1（1993）: 68-74. 关于韩国、中国台湾地区和新加坡技术赶超框架的深入比较分析，见 Wong Poh Kam, "National Innovation Systems for Rapid Technological Catch-Up: An Analytical Framework and a Comparative Analysis of Korea, Taiwan and Singapore", 1999 年 6 月 9—12 日在丹麦雷比尔（Rebild）举行的 DRUID 国家创新体系、产业动态和创新政策夏季会议上提交的论文。

[12] 同上，75-78 页。

[13] T. Hayashi, ed. *The Japanese Experience in Technology: From Transfer to Self-Reliance*（Tokyo: United Nations University Press, 1990）.

[14] 同上，x 和 57 页。

[15] Tai Hung-chao, *Confucianism and Economic Development: An Oriental Alternative?*（Washington, DC: Washington Institute Press, 1989）, pp. 26-27. 该模式为西方较为成熟的发展模式（俗称韦伯－帕森范式或理性模式）提供了另一种文化诠释，后者强调三个核心特征，即效率、个人主义和活力。另见 Michio Morishima, *Why has Japan succeeded? Western Technology and the Japanese Ethos*（London: Cambridge University Press, 1982）, pp. 14-15.

[16] E. Vogel, *The Four Little Dragons: The Spread of Industrialisation in East Asia*（Cambridge: Harvard University Press, 1992）.

[17] 同上，101 页。

[18] 同上，94 页。

[19] Tessa-Morris Suzuki, *The Technological Transformation of Japan from the Seventeenth to the Twenty-first Century*（Cambridge: Cambridge University Press, 1994）, p. 7.

[20] 同上，88-104 页。

[21] 同上，183 页。

[22] 同上，244 页。

[23] Steven P. Schnaars, *Managing Imitation Strategies: How Later Entrants Seize Markets from Pioneers* (New York: The Free Press, 1994), p.1.

[24] 同上，7 页。

[25] Kim Linsu, *Imitation to Innovation: The Dynamics of Korea's Technological Learning* (Boston: Harvard Business School Press, 1997).

[26] 同上，194-219 页。

[27] Kim Linsu, "Crisis Construction and Organizational Learning: Capability Building in Catching-Up at Hyundai Motor", *Organization Science* 9, no. 4 (1998).

[28] 同上，518 页。

[29] 同上，517 页。

[30] R. Hofheinz and K. Calder, *The Eastasia Edge* (New York: Basic Books, 1982).

[31] 同上，248 页。

[32] C. Johnson, "Political Institutions and Economic Performance: The Government-Business Relationship in Japan, South Korea and Taiwan", 载于 *Asian Economic Development: Present and Future*, by R.A. Scalapino et al. (Berkeley: Institute of East Asian Studies, 1985).

[33] Hsiao Hsin-Huang, "The Asian Development Model: Empirical Explorations", 载于 *The Asian Development Model and the Carribean Basin Model Institute*, edited by J. Tessitore and S. Woolfson (New York: Council on Religious and International Affairs, 1985), pp. 12-23.

[34] 同上，21 页。

[35] 见 Akio Morita, *Made in Japan: Ajkio Morita and Sony* (London: Collins, 1987), Chapter 7.

[36] Alice M. Amsden, *Asia's Next Giant: South Korea and Late Industrialisation* (New York: Oxford University Press, 1989). 另见 L. Westphal, E. Kim and C. Dahlman, *Reflections on Korea's Acquisition of Technological Capability*, DRD

Discussion Paper 77（Washington, DC：World Bank, 1984）.

[37] 同上，Table 7.4，171 页和第 9 章。

[38] Alice M. Amsden, *The Rise of "The Rest"：Challenges to the West from Late-Industrializing Economies*（New York：Oxford University Press, 2001）.

[39] Myung Oak Kim and S. Jaffe, *"The New Korea：An Inside Look at South Korea's Economic Rise*（New York：Amacom, 2010）.

[40] 同上，151—152 页。

[41] Michael Porter, *The Competitive Advantage of Nations*（New York：The Free Press, 1990）, pp. 107-17.

[42] Joel Mokyr, *The Lever of Riches：Technological Creativity and Economic Progress*（Oxford：Oxford University Press, 1990）, pp. 11-12.

[43] 同上，301 页。

[44] 见 Henny A. Romjin and M.C.J. Caniëls, "Pathways of Technological Change in Developing Countries：Review and New Agenda", *Development Policy Review* 29, no.3（2011）：359-80.

[45] 见 Henry Etzkowitz, *The Triple Helix：University-Industry-Government Innovation in Action*（New York：Routledge, 2008）；Henry Etzkowitz, "StartX and the Paradox of Success：Filling the Gap in Stanford's Entrepreneurial Culture", *Social Sciences Information* 52, no. 4（2013）：605-37.

[46] Etzkowitz, *Triple Helix*, p. 42.

[47] Wong Poh Kam, "Commercialising Biomedical Science in a Rapidly Changing 'Triple Helix' Nexus：The Experience of the National University of Singapore", *Journal of Technology Transfer* 32, no. 4（2007）：367-95.

[48] Daron Acemoglu and James Robinson, *Why Nations Fail：The origin of Power, Prosperity and Poverty*（London：Profile Books, 2013）.

[49] 同上，77 页。

[50] 同上，150 页。

[51] 同上，50 页。

[52] 同上，63 页。

[53] 这些 "关键节点" 类似于波特将 "偶然" 事件作为国家优势的决定因素。傅高义也提到了影响一国发展进程的历史事件。他将其称为 "情境因素"。

[54] 同上，432 页。

[55] Jeffrey D. Sachs, "Government, Geography, and Growth: The True Drivers of Economic Development", *Foreign Affairs* 92, no.5（2012）.

[56] 同上，145 页。不过，萨克斯也承认，今天的非洲"正在逐一克服这些问题，这要归功于新的能源发现、期待已久的农业进步、公共卫生方面的突破以及信息、通信和交通技术的极大改善"。见第 149 页。

[57] 同上，143 页。

[58] J.A. Schumpeter, *Capitalism, Socialism, and Democracy*, 6th ed.（London: Routledge,［1943］2010）. pp. 81-84.

[59] 同上。

[60] 关于发明概念背后的思想的重要见解，见 Susan J. Douglas, "Some Thoughts on the Question: How Do New Things Happen?", *Technology and Culture* 51, no. 2（2010）: 293-304.

[61] Andre-Yves Portnoff, *Pathways to Innovation*, translated by Ann Johnson（Paris: Futuribles Perspectives, 2003）, p.23.

[62] 见 Mokyr, *The Lever of Riches*, Chapters 7-10.

[63] Portnoff, *Pathways to Innovations*, p.29.

[64] 同上，37-53 页。

[65] Mokyr, *The Lever of Riches*, pp. 10-11.

[66] Jane Jacobs, *The Economy of Cities*（New York: Random House, 1969）.

[67] 同上，50 页。

[68] 见 Edward Glaeser, *The Triumph of the City: How Our Greatest Invention Makes Us Richer, Smarter, Greener, Healthier and Happier*（New York: Macmillan, 2011）.

[69] Richard Florida, *Rise of the Creative Class Revisited*（New York: Basic Books, 2013）.

[70] 同上，第 12 章。

[71] 经济史学家对"发展殖民主义"在东亚和东南亚前殖民地的影响也争论不休。有资料表明，日本的两个前殖民地韩国和中国台湾地区在 1945 年后取得了显著的经济增长。安妮·布斯（Anne Booth）在对东亚和东南亚殖民地经济表现的比较研究中得出结论，认为"是后殖民政策对韩国和中国台湾地区的转型和

东南亚国家的发展起到了关键作用"的观点似乎仍然站得住脚。参见Ramon H. Myers and Mark R. Peattie, eds., *The Japanese Colonial Empire*（Princeton, NJ：Princeton University Press, 1984）；Harald Fuess, A ed., *The Japanese Empire in East Asia and Its Postwar Legacy*（Munich：Ludicium Verlag, 1988）；Stephen Haggard, David Kang and Chung-In Moon, "Japanese Colonialism and Korean Development：A Critique", *World Development* 25, no. 6（1997）：867-81；Atul kohli, *State-Directed Development：Political Power and Industrialization in the Global Periphery*（Cambridge：Cambridge University Press, 2004）；and Anne Booth, "Did It Really Help to Be a Japanese Colony? East Asian Economic Performance in Historical Perspective", Asia Research Institute Working Paper Series, No. 43, June 2005, National University of Singapore.

［72］有关1986年之前新加坡经济及其增长战略的概述，请参见Lawrence B. Krause, "Thinking about Singapore"，载于 *The Singapore Economy Reconsidered*, by Lawrence B. Krause, A.T. Koh and T.Y. Lee（Singapore：Institute of Southeast Asian Studies, 1987）, pp.1-21.

［73］Sach, "Government, Geography, and Growth", p.144.

［74］Hobday, M. "Technological Learning in Singapore：A Test Case of Leapfrogging", *Journal of Development Studies* 30, no. 30（1994）：831-58. 这项研究于1991—1992年进行。对半导体制造、磁盘驱动器制造、电子消费品和计算机 / 专业服务等领域的公司进行了32次访谈。

［75］同上，853页。

［76］*Sunday Times*, 5 August 2001. 哈佛商学院教授应经济发展局的邀请，就新加坡如何为新世纪做好准备进行了自由讨论。

第二章　20 世纪六七十年代的生存和追赶

［1］Paul Kennedy, *The Rise and Fall of British Naval Mastery*（London：Fontana, 1991）, p.377.

［2］Fong Sip Chee, *The PAP Story: The Pioneering Years*, *November 1954–April 1968*

（Singapore: Times Periodical, 1979）, p.9.

[3] Lim Chong Yah and Ow Chin Hock, "The Economic Development of Singapore in the Sixties and Beyond", 载于 *The Singapore Economy*, edited by You Poh Seng and Lim Chong Yah（Singapore: Eastern University Press, 1971）, p.28.

[4] 同上。

[5] Mary Turnbull, *History of Singapore*, 1819—1988（Singapore: Oxford University Press, 1989）, p.294.

[6] 第二次世界大战后，出口导向型工业化的工业发展模式受到许多寻求快速工业化的第三世界国家的欢迎。这一战略得到了美国和世界银行的积极推动。美国努力建立以全球自由贸易为基础的自由世界经济秩序。20 世纪 60 年代至 70 年代初，许多美国跨国公司寻求在劳动力成本低的第三世界国家开展业务。与此同时，罗伯特－麦克纳马拉领导下的世界银行呼吁第三世界国家"将其制造业企业从与进口替代相关的相对较小的市场转向出口促进带来的大得多的机会"。引自 Walden Bello, "The Spread and Impact of Export-Oriented Industrialization in the Pacific Rim", *Third World Economics*, 16-18 November 1991, p.16.

[7] 见 E. Vogel, *The Four Little Dragons: The Spread of Industrialisation in East Asia*（Cambridge: Harvard University Press, 1991）, pp.85-91.

[8] Lee Kuan Yew, National Day Rally Speech, 17 August 1980.

[9] Chris Dixon, *Southeast Asia in the World Economy*（Cambridge: Cambridge University Press, 1991）, p.152.

[10] John Williamson and Chris Milner, *The World Economy: A Textbook in International Economics*（New York: New York University Press, 1991）, p.290.

[11] 同上，293 页。

[12] 同上，295 页。

[13] Dixon, Southeast Asia, p.158.

[14] Colony of Singapore, *Annual Report*（Singapore, 1965）.

[15] Dixon, *Southeast Asia*, p.158.

[16] *The Malaya Tribune*, 13 March 1953.

[17] Colony of Singapore, "Report of the Industrial Resources Study Groups,

September 1954"，载于 Andrew Gilmour, *Official Letters*, 1931—1956, Mss. Ind. Ocn. s. 154, para. 86, p.13.

[18] 同上，第 37 段，第 8 页。

[19] 同上，第 36 段，第 8 页。

[20] J.J. Puthucheary, *Ownership and Control in the Malayan Economy*（Singapore: Eastern Universities Press, 1960; repr. Kuala Lumpur: University of Malaya Co-Operative Bookshop, 1979）, pp.xiii-xiv.

[21] *The United Nations Report on Singapore*, 1961, p.i.

[22] 同上，第 ii 页。

[23] 同上，第 ii 和 v-vi 页。

[24] 同上，57-58 页。

[25] 同上，57 和 60 页。

[26] 同上，57 页。

[27] 同上，48 页和 55 页。

[28] 同上，第 xxiii 页 48 页。

[29] 同上，74 页。

[30] Lee Soo Ann, *Industrialization in Singapore*（Camberwell, Australia: Longman, 1973）, p.112.

[31] Gary Rodan, The Political Economy of Singapore's Industrialization（Kuala Lumpur: Forum Press, 1991）, p.64.

[32] 1970 年 3 月 9 日，吴庆瑞博士向议会提交的预算报告。

[33] Goh Keng Swee, The Economics of Modernization（Singapore: Asia Pacific Press, 1972）, p.257.

[34] Chan Heng Chee, Singapore: The Politics of Survival 1965—67（Singapore: Oxford University Press, 1971）, pp.32-36.

[35] 1971 年 9 月 11 日，李光耀在香格里拉酒店第二届国际校友之夜上的讲话。

[36] 1966 年 7 月 1 日，李光耀在新加坡大学的演讲。

[37] 李光耀在 1972 年 7 月 15 日发表的讲话。

[38] 新加坡经济发展局:《1972 年度报告》和《1980 年度报告》。
Economic Development Board, *Annual Report*, 1972 and Annual Report, 1980.

[39] Rodan, Political Economy of Singapore, p.123.

[40] Ting Wen-lee, *Business and Technological Dynamics in Newly Industrializing Asia* (Westport: Quorum Books, 1985), p.6. 相比之下, 1981 年韩国和中国台湾地区的制造业分别占国内生产总值的 32.8% 和 42.7%。这可能反映了日本殖民主义对这两个地区的影响, 日本人在这两个地区发展了重工业和基础设施, 以掠夺当地的资源。

[41] Vogel, *Four Little Dragons*, p.77.

[42] 同上, 77-78 页。

[43] 1968 年 7 月 15 日, 李光耀在议会的演讲。

[44] 1968 年 8 月 8 日, 李光耀在国庆前夕的演讲。

[45] 1980 年 8 月 17 日, 李光耀在国庆日集会上的演讲。

[46] Goh, *Economics of Modernization*, p.275.

[47] 同上, 273 页。

[48] 同上, 274 页。

[49] Chan Chin Bock, *Heart Work* (Singapore: Economic Development Board, 2002). 新加坡经济发展局通过吸引跨国公司参与, 在新加坡工业化进程中发挥先锋作用。

[50] *Parliamentary Debates*, Singapore, Annual Budget Statement, 9 March 1970.

[51] David Chew, "Investment in Human Capital", 载于 *Singapore Economy*, edited by You and Lim, p.303.

[52] *Singapore Year Book 1969* (Government Printing Office), p.181.

[53] Ministry of Culture, *The Mirror*, 22 April 1968, pp.6-7. 54.

[54] Goh, *Economics of Modernization*, p.277.

[55] Chia Siow Yue, "Growth and Pattern of Industrialization", 载于 *Singapore Economy*, edited by You and Lim, p.219.

[56] Goh, *Economics of Modernization*, p.274.

[57] Singapore, *Census of Industrial Production*, 1959 to 1969.

[58] *Far Eastern Economic Review*, *Asia Year Book* 1979, p.292.

[59] 贸工部部长的讲话, 引自 Lim Joo-Jock, "Bold Internal Decisions, Emphatic External Outlook", 载于 *Southeast Asian Affairs 1980*, edited by Leo Suryadinata (Singapore: Institute of Southeast Asian Studies, 1980), p.279.

［60］Chia，载于 *Singapore Economy*，edited by You and Lim，p.201. 61.

［61］Goh，*Economics of Modernization*，pp.275–76.

［62］Takeaki Shimizu，"Technology Transfer and Dynamism in Technology Education in Japan"，载于 *Technology Culture and Development*，edited by Ungku A. Aziz（International Symposium at the University of Malaya，December 1983），pp.507–8.

［63］《海峡时报》，1981 年 2 月 18 日。

［64］《海峡时报》，1981 年 6 月 8 日。

［65］Iain Buchanan，*Singapore in Southeast Asia: An Economic and Political Appraisal*（London：Bell，1972）. p.136.

［66］Lawrence Krause，Koh A.T. and Lee T.Y.，*The Singapore Economy Reconsidered*（Singapore：Institute of Southeast Asian Studies，1987），p.8.

［67］同上，9.å 页。

第三章　20 世纪 80 年代的技术增长道路

［1］有趣的是，学术界流行用"第二次工业革命"一词来表示日本经济史上的 1930 年代（1931 年九一八事变后）。这一时期的标志是日本重工业和化学工业的腾飞。这一时期取得的技术进步使日本能够开发出最先进的军事技术，在太平洋战争中令美国人感到惊讶。见 John Dower，*Ways of Forgetting，Ways of Remembering：Japan in the Modern World*（New York：The New Press，2012），pp.86–92；以及 Paul Kennedy，*Engineers of Victory: The Problem Solvers Who Turned the Tide in the Second World War*（New York：Random House，2013）.

［2］Ronald Dore，"Reflections on Culture and Social Change"，载于 *Manufacturing Miracles: Paths of Industrialization in Latin America and East Asia*，edited by Gary Gereffi and Donald L. Wyman，（Princeton，NJ：Princeton University Press，1990），p.366.

［3］同上。

［4］吴作栋于 1981 年 3 月 6 日的预算演讲。

［5］新加坡《1985—1986 年统计年鉴》。

［6］Tony Tan K.Y., "MNCs as Engines of Economic Growth", *Speech* 4, no.4
（1980）: 59.

［7］Mirza Hafiz, *Multinationals and the Growth of the Singapore Economy*（London:
Croom Helm, 1986）, p.2.

［8］Carl J. Dahlma, Larry E. Westphal, "The Meaning of Technological Mastery
in relation to Transfer of Technology", *Annals of the American Academy of
Political and Social Sciences 458*（November 1981）: 80.

［9］《海峡时报》，1987年10月3日。关于跨国公司如何在向新加坡公司转让技
能和知识方面发挥其作用的第一手资料，见 Chua Soo Tian, "How MNCs
Helped Start-Up SMEs", 载于 *Heart Work*, by Chan Chin Bock（Singapore:
Economic Development Board, 2002）, pp.54-59.

［10］Chng M.K., ed., *Effective Mechanisms for the Enhancement of Technology and
Skills in Singapore*（Singapore: Institute of Southeast Asian Studies 1986），
Chapter 5. 新加坡的研究是在东盟区域研究促进计划下进行的。要求来自东盟
五国和日本的国家研究小组确定和研究他们各自国家在技术转让和技能提高方
面的问题。这些论文统一发表在 Ng C.Y., R. Hirono and Robert Y. Siy, Jr.,
eds., *Effective Mechanisms for the Enhancement of Technology and Skills in ASEAN:
An Overview*（Singapore: Institute of Southeast Asian Studies）, 1986.

［11］同上，69页。

［12］同上。

［13］同上，第78页和40页。

［14］同上，第82页和 Rodan, *Political Economy of Singapore*, p.179.

［15］Edward Chen K.Y., *Multinational Corporations*, *Technology and Employment*
（Hong Kong: MacMillan, 1983）, pp. 60-61 and 207.

［16］Anuwar Ali, *Malaysia Industrialization: The Quest for Technology*（Singapore:
Oxford University Press, 1992）, pp.79-80.

［17］Norman Clark, "The Multinational Corporation: The Transfer of
Technology and Dependence", *Development and Change* 6, no.1（1975）: 15;
Charles W. Linsey, "Transfer of Technology to the ASEAN Region by U.S.
Transnational Corporations", *ASEAN Economic Bulletin* 3, no.2（1986）: 226.

［18］Chng, *Effective Mechanisms*, p.78.

[19]《商业时报》，1980 年 4 月 28 日。

[20] 同上。

[21] 同上。

[22] Mark Lester, "The Transfer of Managerial and Technological Skills by Electronic-Assembly Companies in Export-Processing Zone in Malaysia"，载于 *The Transfer and Utilization of Technical Knowledge*, edited by Devendra Sahal (Lexington, MA: Lexington Books, 1980), pp.211–12.

[23] Linda Lim Yuen Ching, "Multinational Firms and Manufacturing for Export in Less Developed Countries: The Case of Malaysia and Singapore" (PhD dissertation, University of Michigan, 1978), pp.439 and 514.

[24] Chng, *Effective Mechanisms*, p.73.

[25] C.W. Lindsey, "Transfer of Technology to the ASEAN Region by U.S. Transnational Corporations", *ASEAN Economic Bulletin* 3, no.2(1986), p.228.

[26] Chng, *Effective Mechanisms*, p.70.

[27] 同上。

[28] A.N. Hakam and Zeph-Yun Chang, "Patterns of Technology Transfer in Singapore: The Case of the Electronics and Computer Industry", *International Journal of Technology Management* 13, nos. 1–2 (1988): 187.

[29] 同上。

[30] Hafiz, *Multinationals and the Growth*, p.258.

[31] 两个这样罕见的企业家是黄泰（Wong Tai）和刘彦斌（Robin Lau），他们曾分别在惠普公司和一家日本跨国公司任职。在惠普公司工作 6 年后，黄泰离开并成立了信息控股有限公司。除了举办该地区最大的计算机学校连锁店之一外，该公司还涉及软件开发、计算机咨询和计算机分销。刘彦斌在 1986 年创办了志鸿机械工具私人有限公司（Excel Machine Tools Private Limited）。见《海峡时报》，1993 年 7 月 17 日。

[32] Lindsey, p.230.

[33] 同上，第 227 页。

[34] 同上，第 231 页。

[35]《海峡时报》，1986 年 10 月 9 日。

[36] 同上。

［37］《海峡时报》，1994 年 11 月 7 日。

［38］ Masataka Kosaka, ed., *Japan's Choices: New Globalism and Cultural Orientations in an Industrial State*（London: Pinter, 1989），p.78.

［39］ *Growing With Enterprise: A National Effort*（Singapore: Economic Development Board, 1993），p.36.

［40］关于新加坡教育系统演变的更详细讨论，见 Goh Chor Boon 和 S. Gopinathan, "The Development of Education in Singapore since 1965"，载于 *Toward a Better Future: Education and Training for Economic Development in Singapore since 1965*, by Lee Sing Kong, Goh Chor Boon, Birger Fredriksen and Tan Jee Peng（Washington, DC: World Bank, 2008），Chapter 1.

［41］《海峡时报》，1994 年 6 月 14 日。为了提高技术教育的形象，新加坡进行了几次体制改革。1992 年，职业和工业培训委员会进行了全面改革，并更名为技术教育研究院（ITE）。见 Law Song Seng, "Vocational Technical Education and Economic Development"，载于 Lee et al., *Toward a Better Future*, Chapter 5.

［42］李光耀，在丹戎巴葛国庆节庆典上的讲话，1980 年 8 月 15 日。

［43］《海峡时报》，1994 年 2 月 12 日。

［44］教育部，各年度报告。

［45］与一些经合组织国家比较，荷兰高等教育部门的入学人数在 1980 年至 1988 年增加了 13%；在日本，大学本科生的入学人数在 1978 年至 1989 年增加了约 9%；在挪威，该数量在 1979 年至 1986 年增加了 10%。入学人数增加的主要原因是妇女在学生人口中的比例的提高。见 *Technology and the Economy: The Key Relationships*（OECD, 1992），p.137.

［46］根据《新加坡统计年鉴》计算，1989 年，表 15.12 和表 15.13，第 304-305 页。

［47］李显龙，议会辩论，官方报告，1988 年 3 月 28 日，第 50 卷，col.1503-1505。

［48］同上，col.1505。

［49］同上，col.1505. 鼓励女性从事工程研究和工作仍然是今天的一个问题，李显龙在 2014 年的国庆节集会演讲中强调了这一点。见 <http://www.pmo.gov.sg/mediacentre/prime-minister-lee-hsien-loongs-national-day-rally-2014-speech-english>。

［50］《海峡时报》，1982 年 2 月 22 日。

［51］同上。

[52]《海峡时报》，1993 年 9 月 20 日。

[53] National Science and Technology Board, *National Survey of R&D in Singapore*, 1995, p.18.

[54] *New Challenges, Fresh Goal–Towards a Dynamic Global City*. Economic Review Committee(Singapore: Ministry of Trade and Industry, 2003).

[55] Martin Carnoy, "Multinationals in a Changing World Economy: Whither the Nation-State?", 载于 *The New Global Economy in the Information Age: Reflections on Our World*, by M. Carnoy, M. Castells, S. Cohen and F.H. Cardoso (Pennsylvania: Pennsylvania State University Press), 1993, p.96.

[56] Tony Tan, "MNCs and ASEAN Development in the 1980s", 演讲, 1980 年 9 月 7 日。

[57]《海峡时报》海外版，1992 年 8 月 29 日。

[58] Hafiz, *Multinationals and the Growth*, p.261.

[59] 同上。

[60] 李显龙, 议会辩论, 新加坡共和国, 官方报告, 1986 年 3 月 25 日, 第 47 卷, col.1117.

[61] Krause, L.B., Koh Ai Tee and Lee (Tsao)Yuan, *The Singapore Economy Reconsidered*(Singapore: Institute of Southeast Asian Studies, 1987), p.61.

[62] Pang Eng Fong, "Foreign Investment and the State in a Newly Industrializing Country: The Experience of Singapore", *East Asia*, vol.3 (Frankfurt: Campus Verlag, 1985), p.89.

[63] Dore, 载于 *Manufacturing Miracles*, edited by Gereffi and Wayne, p.361.

[64] 引自 Hafiz, *Multinationals and the Growth*, p.262.

[65] The Economic Planning Committee, *The Strategic Plan*: *Towards a Developed Nation* (新加坡贸易和工业部, 1991 年), 第 27-28 页。

[66] A.H. Hakam, "Deliberate Restructuring in the Newly Industrializing Countries of Asia-The Case of Singapore", *East Asia*, vol.3 (Frankfurt: Campus Verlag, 1985), p.106; Chia Siow-Yue, "Direct Foreign Investment and the Industrialization Process in Singapore", 载于 *Singapore Resources and Growth*, edited by Lim C.Y. and Peter J. Lloyd (Singapore: Oxford University Press, 1986). p.112.

[67] *Far Eastern Economic Review*, 16 July 1987, p.60.

[68] 这些一对一的深度访谈是在 1994 年 3 月和 4 月进行的。

[69] 根据经济委员会的报告，需求和供应因素都是造成新加坡第一次严重衰退的原因。从外部来看，全球石油、海运和电子行业的前景惨淡，严重影响了对新加坡服务和部件的需求。在内部，企业受到了劳动力成本上升的冲击，其上升速度超过了生产力的发展。国内需求因国内储蓄的增加而减弱，而国内生产性投资的增加又与之不相匹配。

[70]《1986 年统计年鉴》，第 3 页。

[71] G. Rodan, *The Political Economy of Singapore's Industrialization* (Kuala Lumpur: Forum Press, 1991), p.183.

[72] 同上。

[73]《商业时报》，1981 年 8 月 5 日。

[74] 同上。

[75]《商业时报》，1986 年 12 月 17 日。

[76] 同上。

[77] 同上。

[78] Chia, "Direct Foreign Investment and the Industrialization Process in Singapore", 载于 C.Y. Lim and P.J. Lloyds (eds.), *Singapore Resources and Growth* (Singapore: Oxford University Press, 1986), p.113.

[79]《联合早报》，1985 年 1 月 19 日。

[80] 同上。

[81]《海峡时报》，1985 年 12 月 31 日。

[82] 同上。

[83] 同上。

[84] 同上。

[85]《商业时报》，1979 年 6 月 27 日。

[86] 李显龙，议会辩论，新加坡共和国，官方报告，1986 年 3 月 7 日，第 47 卷，col.439.

[87] Yoshihara Kunio, *The Rise of Ersatz Capitalism in South-East Asia* (Singapore: Oxford University Press, 1988), Chapter 5. 作者认为，东南亚的发展产生了一种"假的"资本主义，与"真正的"资本主义相比，它是"低效和乏味的"。

这是因为该地区的国家严重依赖外国资本和技术，因此没有能力在本土生产制成品以维持工业化。

[88] 同上，第 112-113 页。

[89] Rosenberg, *Perspective on Technology*, p.164.

[90] Aby Taher Salahuddin Ahmed, "The Role of the Capital Goods Sector in Small, Open Economies", *Journal of Contemporary Asia* 24, no.3 (1994): 327-29.

[91] Rodan, *Singapore's Industrialisation*, p.179.

[92] Yoshihara, *Ersatz Capitalism*, p.113.

[93] 尽管这两个国家以前都是日本的殖民地，但吉原的评论却让人感到民族主义者的骄傲和偏见。近年来，这两个国家都在各自实现技术自给自足的道路上取得了令人惊叹的成就。

[94] A.M. Amsden, *Asia's Next Giant*: *South Korea and Late Industrialisation* (New York: Oxford University Press, 1989), p.328.

[95]《海峡时报》，1993 年 7 月 5 日。

[96] Martin H. Bloom, "Globalization and the Korean Electronics Industry", *Pacific Review* 6, no.2 (1993): 124.

[97]《海峡时报》，1994 年 3 月 4 日。

[98] Hal Hill and Pang Eng Fong, "Technology Exports from a Small, Very Open NIC: The Case of Singapore", 载于 *Working Papers in Trade and Development* (Australian National University, August 1989), p.14. 根据两位作者的说法，一些本地公司也开创了"早期"的技术出口，特别是在产品和工艺的修改和调整方面。同上，第 35 页。

[99]《海峡时报》，1993 年 2 月 5 日。

[100]《海峡时报》，1992 年 10 月 24 日。

[101] Alwyn Young, "A Tale of Two Cities: Factor Accumulation and Technical Change in Hong Kong and Singapore", 载于 *NBER Macroeconomics Annual 1992* (Massachusetts Institute of Technology Press, 1992)。核算考虑了增长的两个来源。一方面是"投入"的增加，即就业、工人教育标准和物质资本存量的增长。另一方面是每单位投入产出的增加，这种收益是由于更好的管理、知识的增加和技术的进步而产生的更大的效率。因此，增长核算通过产生

一个指数，即"全要素生产率"，将所有可计算的投入结合起来，来说明有多少增长是由每个投入造成的，有多少增长是由效率提高造成的。

[102] 同上，第5页。

[103] 同上，第2页.

[104] Paul Krugman，"The Myth of Asia's Miracle"，*Foreign Affairs* 73，no.6（1994）：71. 克鲁格曼提出了一个有趣的观点，即李光耀的新加坡的发展是斯大林的苏联发展的"经济孪生兄弟"。

[105]《海峡时报》1993年6月28日。

[106] Hafiz，*Multinationals and the Growth*，p.263.

第四章　国家干预和技术变革

[1] World Bank，*World Development Report 1989*，引自 A. Ali，*Malaysia's Industrialisation：The Quest for Technology*（Singapore：Oxford University Press, 1992），Table 4.1, p.57.

[2] Greenberg, D.S.，"R&D in Asia Signals Battle for Markets"，《海峡时报》，1993年8月30日。

[3] Dieter Ernst and David O'Connor，*Technology and Global Competition：The Challenge for Newly-Industrialising Economies*（OECD, 1989），p.57.

[4] 同上。

[5] 当然，东欧的前共产主义国家参与世界经济的程度将取决于许多因素。尽管它们在科技方面有丰富的历史传统，很难设想它们能赶上东亚国家经济体现有水平并在不久的将来发挥主导作用。

[6] 引自 Andre Pollack，Andre Pollack，"Rising Yen Forcing Firms to Move Out of Japan"，《海峡时报》，1993年8月30日。正如该文作者所指出的那样，这种对日本制造业基础的威胁不应该被夸大，因为根据日本通商产业省（现为经济产业省）的调查，1991年参与调查公司的总产量中，只有约6%在日本境外。此外，"虽然日本正在将价格较低和较简单的产品制造转移到境外，但在本土却保留了技术上更先进和更昂贵的产品和关键部件的制造"。

[7] 同上。

[8]《海峡时报（海外版）》，1993 年 5 月 8 日。尽管取得一定进展，但对本地和外国企业来说，仍有许多棘手的问题和障碍。印度尼西亚的经济结构相当复杂，其制造业高度集中且受到保护，但该国仍面临着劳动力严重短缺问题，包括训练有素、技术熟练、经验丰富的工程师和管理人员。

[9]《海峡时报（海外版）》，1993 年 5 月 29 日。

[10]《海峡时报（海外版）》，1992 年 9 月 5 日。

[11] Ali, *Malaysia's Industrialisation*，第 34 页;《海峡时报》，1993 年 8 月 25 日。

[12]《海峡时报（海外版）》，1993 年 4 月 17 日。

[13]《海峡时报》，1993 年 9 月 18 日。

[14] 同上。

[15]《海峡时报》，1991 年 7 月 14 日。

[16] 同上。

[17] 同上。

[18] 同上。

[19] Philippe Regnier, *Singapore：City-State in South-East Asia*，Christopher Hurst 译（Honolulu：University of Hawai'i Press, 1987），p.98.

[20]《海峡时报（海外版）》，1992 年 10 月 17 日。

[21]《海峡时报》，1993 年 6 月 10 日。

[22] M.H. Bloom, "Globalization and the Korean Electronics Industry", *Pacific Review* 6, no.2（1993）: 123−25.

[23] Ulrich Hilpert, ed., *State Policies and Techno-Industrial Innovation*（London：Routledge, 1991），p.3.

[24] 新加坡工业与贸易局经济计划委员会，《战略经济计划》（新加坡：贸易和工业部，1991 年），第 28 页。

[25]《海峡时报》，1987 年 10 月 1 日。

[26] Lester Thurow, *Head to Head：The Coming Economic Battle among Japan, Europe, and America*（New York：Morrow, 1992），p.29.

[27] 同上，第 45 页。

[28]《海峡时报》，1986 年 2 月 27 日。

[29]《海峡时报》，1993 年 6 月 10 日。

[30] L.B. Krause, A.T. Koh and T.Y Lee, *The Singapore Economy Reconsidered*

（Singapore：Institute of Southeast Asian Studies，1987），p.6. 1979 年至 1984 年，新加坡的实际国内生产总值和人均国内生产总值年平均增长率分别为 8.6% 和 7.3%，超过了韩国（5.1% 和 3.4%）。2013 年，国际货币基金组织估计新加坡的人均收入为 64 584 美元，日本的人均收入为 36 899 美元。

[31] A.M. Amsden，*Asia's Next Giant：South Korea and Late Industrialisation*（New York：Oxford University Press，1989），p.73.

[32] Martin Fransman，*Technology and Economic Development*（Brighton：Wheatsheaf，1986），p.97.

[33]《1991 年新加坡全国研发调查》（新加坡：国家科学技术委员会，1992 年），第 50-51 页。

[34] *Far Eastern Economic Review Yearbook 1991*，p.208.

[35] G. Rodan，ed.，*Singapore Changes Guard：Social，Political and Economic Directions in the 1990s*（New York：St Martin's Press，1993）p.xii.

[36] J. Mokyr，*The Lever of Riches：Technological Creativity and Economic Progress*（Oxford：Oxford University Press，1990），p.181.

[37] 同上。

[38] Linda Low，"The Public Sector in Contemporary Singapore：In Retreat？"，载于 Rodan，*Singapore Changes Guard*，p.179.

[39] 同上，第 180 页。

[40] 自 1987 年以来，每年都举办"科技月"，以促进科技发展。

[41]《商业时报》，1980 年 4 月 28 日。

[42]《海峡时报》，1979 年 6 月 7 日。

[43] 同上。

[44]《商业时报》，1980 年 4 月 28 日。

[45]《海峡时报》，1981 年 6 月 8 日。

[46]《商业时报》，1979 年 6 月 8 日。

[47]《国家科技计划》（新加坡：国家科学技术委员会，1992 年），第 2 页。《国家科技计划》有以下目标和战略：科学技术研究必须以提高国家竞争力的需要为动力；必须在与国家实力相关的选定利基市场上寻求卓越的科学技术；政府必须与工业界密切合作；科学和技术基础设施的建设必须以结果为导向，即最终产生与经济竞争力相关的成果；政府的研究机构必须着重通用的竞争前研究和

工艺开发，支持工业领域发展。

[48]《1991 年新加坡全国研发调查》，第 6-7 页。

[49]《星期日泰晤士报》，1993 年 2 月 7 日;《海峡时报》，1993 年 2 月 8 日。新加坡政府为解决研发领域技术人才严重短缺的问题而大力采取的一项措施是移民。当地两所主要大学科学和工程专业的博士课程招生和博士后助教招聘主要由中国公民组成。由于移民法的放宽，许多人最终会获得永久居留身份。然而，这里必须注意两点。首先，虽然官方没有公布数据，但外国引进人才的数量可能不足以抵消到海外寻找更多机会的新加坡人。其次，引进人才的好处，如向当地人转移和传播知识和技能，这肯定会是一个悬而未决的问题。

[50]《海峡时报》，1993 年 1 月 6 日。

[51]《海峡时报》，1992 年 6 月 16 日。

[52]《1992 年新加坡全国研发调查》。

[53]《1991 年新加坡全国研发调查》和《1992 年新加坡全国研发调查》。拥有博士学位且为新加坡公民的研究人员数量是严格保密的。

[54]《1992 年新加坡全国研发调查》，表 3.8，第 30 页。

[55] George Tassey, *Technology Infrastructure and Competitive Position*（Norwell, MA：Kluwer Academic, 1996），p.105. 专门技术是指任何类型的系统、工具或技术流程，由特定的商业实体开发并为其服务，这种类型的技术开发通常作为企业持续研究工作的一部分。

[56] 同上，第 6-7 页。

[57]《1991 年国家科技计划》，第 71 页。

[58] *The First Year 1991*（新加坡：国家科学技术委员会），第 14 页。

[59] 同上。

[60] *The Mirror*，1986 年 11 月 1 日，第 1-3 页。

[61]《1991 年国家科技规划》，第 50-53 页。到 20 世纪 90 年代初，已经成立了 6 个这样的研究所;即分子与细胞生物学研究所（IMCB）、信息技术研究所（ITI）、格鲁曼国际 / 南洋理工大学计算机集成制造研究所（GINTIC）、系统科学研究所（ISS）、制造技术研究所（IMT）和微电子研究所（IME）。

[62]《1991 年新加坡全国研发调查》，第 11 页。

[63] *Automation Survey 1992/92*（新加坡：新加坡工业自动化协会，日期不详）第 64—66 页。在制造业的 2 591 名自动化用户中，共有 770 名（29.7%）完成了

问卷调查，63.2% 的受访者是本地企业。

[64] 同上，第 70-71 页。

[65] 同上，47 页。

[66] 同上，77 页。

[67] 参见 Hing Ai Yun, "Automation and New Work Patterns: Cases from Singapore's Electronics Industry Work", *Employment & Society* 9 (June 1995): 309-27.

[68] 1994 年 8 月 11 日，采访新加坡劳工基金会代理执行秘书。

[69] 据《海峡时报》1994 年 6 月 6 日报道，全国工会代表大会劳资关系第一书记提出了这一观点。

[70] Mah Bow Tan, Parliamentary Debates, Republic of Singapore, Official Report, 21 March 1989, vol.53, col.613.

[71] 同上。

[72] 基础研究、应用研究和发展研究的定义由美国国家科学基金会提供，如《国家科技计划》中所引述的那样，第 19 页。

[73] Bruce Merrifield, "Research Consortia: The Concurrent Management of Innovation", 载于 *Innovative Models for University Research*, C.R. Haden and J.R. Brink 主编 (Amsterdam: North-Holland, 1992), p.51.

第五章　培育科学文化

[1] S. Dhanabalan, "R&D: Improving Existing Products and Process", *Speech* 2, no.4 (1978): 53 和《海峡时报》，1978 年 9 月 18 日。提及日本，是因为新加坡对 "日本奇迹" 的钦佩，并在 20 世纪 70 年代采用了日本的经济发展模式。

[2] Sheridan Tatsuno, *Created in Japan: From Imitators to World-Class Innovators* (New York: Harper & Row, 1990), p.219.

[3] Ian Inkster, *Science and Technology in History: An Approach to Industrial Development* (New Brunswick, NJ: Rutgers University Press, 1991), pp.123-28; Sasaki Chikara, "Science and the Japanese Empire 1868—1945: An Overview", 载于 *Science and Empires: Historical Studies about*

Scientific Development and European Expansion, edited by Patrick Petitjean, Catherine Jami and Anne Marie Moulin（Boston：Kluwer Academic，1992），pp.243-46；James R. Bartholomew，"Modern Science in Japan：Comparative Perspectives"，*Journal of World History* 4，no.1（1993）：101-16.

［4］有趣的是，虽然也有华裔获得了这一殊荣，但他们主要是在美国生活和工作。中国还没有产生过诺贝尔奖得主。但随着中国大力推动研发工作，以及中国科学家回国后的逆向吸纳，中国产生一位诺贝尔奖得主应该只是个时间问题。

［5］Tatsuno，*Created in Japan*，p.220-21

［6］Alun Anderson，"Japanese Academics Bemoan the Cost of Years of Neglect"，*Science*，23 October 1992，pp.564-82；Yikihiro Hirano，"Public and Private Support of Basic Research in Japan"，*Science*，23 October 1992，pp.582-83；and Takayuki Matsuo，"Japanese R&D Policy for TechnoIndustrial Competitiveness"，载于 *State Policies and Techno-Industrial Innovation*，edited by Ulrich Hilpert（London：Routledge，1991），pp.235-59.

［7］张永祥（Teong Eng Siong），议会辩论正式报告，新加坡，1970年7月22日，第140-141页。我们还对1970年至1989年的所有议会辩论进行了搜索。在这20年里，几乎没有发现任何关于新加坡科技问题的议会辩论。然而，在现实中，创新政策的制定是一个高度政治化的过程，尤其是在其早期阶段，当特定的科学活动领域需要公共支持。

［8］《海峡时报》，1983年6月30日。这些物理学家是纽约州立大学的杨振宁、布鲁克海文国家实验室的乔玲丽、德雷塞尔大学的冯达旋和加利福尼亚大学的禹钟完（Choong-Wan Woo）。

［9］同上。

［10］《海峡时报》，1983年6月25日。

［11］同上。

［12］《海峡时报》，1986年1月23日。

［13］《海峡时报》，1986年1月27日。

［14］《海峡时报》，1987年2月4日。杨振宇教授是新加坡政府邀请的八个杰出科学家小组的成员之一，帮助制定工程和物理科学方面的科技政策。

［15］同上。

［16］《海峡时报》，1980年3月5日。

［17］经济委员会的报告。1984 年，政府实际上已经批准了新加坡国立大学的一项提
案，即建立一个价值 6 500 万美元的分子与细胞生物学研究所（IMCB），其明
确目的是进行基础研究，没有隐藏的商业目标。随着时间的推移，这种最初的
定位发生了变化，反映了该国研发工作中根深蒂固的市场性和营利性理念。

［18］《海峡时报》，1983 年 4 月 1 日。

［19］《海峡时报》，2005 年 10 月 9 日。

［20］同上。

［21］Philip Yeo，"Passion Drives"，载于 *Heart Work*，by C.B. Chan（Singapore：
Economic Development Board，2002），p.300.

［22］<http://www.asiabiotech.com/publication/apbn/11/english/.../1508_1511.
pdf>（2014 年 2 月 19 日访问）。

［23］<http://www.ncbi.nlm.nih.gov/pmc/articles/pmc>（2014 年 3 月 25 日访问）。

［24］《海峡时报》，2008 年 3 月 19 日。

［25］《海峡时报》，2003 年 1 月 4 日。

［26］《海峡时报》，2013 年 7 月 17 日。

［27］根据新加坡科技研究局网站，截至 2013 年 11 月，共有 11 家生物医学研究所
和联合体。

［28］《海峡时报》，2011 年 9 月 27 日。

［29］《海峡时报》，2014 年 5 月 14 日。

［30］《海峡时报》，1979 年 9 月 15 日。

［31］采访主要由《海峡时报》在 1983 年 8 月 29 日、9 月 1 日和 1984 年 4 月 16 日
进行。

［32］同上。

［33］《海峡时报》，1983 年 8 月 29 日。

［34］<http://www.esgweb1.nts/jhu.edu/press/1998/NOVEMBER/981104.
HTM>。（2014 年 3 月 23 日访问）。

［35］同上。

［36］关于新加坡科技研究局的完整解释，见 "It Is Johns Hopkins University
Which Has Not Delivered：A*Star"，《海峡时报》，2006 年 7 月 25 日。

［37］詹姆斯·肖文（James Shorvon）的案例唤醒了新加坡科学界对不道德行为的
警觉。2000 年，肖文从伦敦大学学院被聘为新加坡国家神经科学研究所所长。

但此后不久，他就陷入了麻烦。他被新加坡官员指控在未经同意的情况下获取
13 名病人的神经系统信息，在未经必要的许可招募他们进行研究，并在未经同
意的情况下改变他们的用药水平。2003 年，他被该研究所解雇了。2004 年，
在肖文回到英国后，新加坡医学委员会（SMC）认定他犯有职业不端行为。他
被处以罚款，并被从新加坡的医疗从业人员名册中删除。肖文强烈否认了所有
指控的不端行为。英国医学总会（BGMC）于 2004 年了解到这一情况，当时
身在伦敦的肖文要求英国进行审查，以帮助他洗清罪名。2005 年，英国医学总
理事会认定新加坡的指控不能排除合理怀疑，并停止了调查。

[38]《海峡时报》，2011 年 9 月 15 日。

[39]《海峡时报》，2012 年 12 月 15 日。

[40] 同上。

[41] 同上。

[42] "Of Mice and Men: Edison Liu Leaves Singapore to Head Jackson Laboratory"
<http://www.bio-itworld/news/08/26/11>.

[43] 同上。

[44] 同上。

[45]《海峡时报》，2011 年 9 月 7 日。

[46] 2006 年 10 月，爱德华·霍姆斯教授成为新加坡科技研究局新成立的转化与临
床科学组组长。

[47] <http://www.ncbi.nlm.nih.gov/pmc/articles/pmc>（2014 年 3 月 25 日访问）。

[48]《星期日泰晤士报》，2013 年 8 月 25 日。

[49] <http://www.nature.com/nature/journal/v468/n7325/full/468731a.html>
（2014 年 3 月 25 日访问）。

[50]《海峡时报》，2006 年 11 月 4 日。据报道，世界上第一种登革热疫苗可能在
2015 年年底前完成，新加坡可能是首批获得该疫苗的国家之一。由药物巨头赛
诺菲·巴斯德公司（Sanofi Pasteur）开发，一旦所有审批程序通过，它将能
够每年生产一亿剂。2009 年，早在该疫苗接近完成之前，该公司就在法国投资
了一个价值 5.93 亿美元的生产厂。该公司登革热疫苗部门的负责人纪尧姆·勒
罗伊（Guillaume Leroy）说道："这个项目风险很大，但是想象一下，如果不
进行投资得到结果，那只有告诉各国他们必须再等 5 年。"这强调了生物医学
研究商业化的巨大财政投入和风险。见《海峡时报》，2014 年 6 月 16 日。

[51] 同上。在美国，早在 1967 年，记者丹尼尔·格林伯格（Daniel Greenberg）就在他的《纯科学的政治》（*The Politics of Pure Science*）一书中批评了科学家的心态，他们声称必须让他们充分满足自己的好奇心。格林伯格反对科学家献身于纯粹的基础研究，而不是为任何技术应用服务。见 Daniel S. Greenberg, The Politics of Pure Science（New York: New American Library, 1967）。

[52] 一种新加坡制造的 H1N1 甲型流感疫苗正在测试中，可能会投放市场。与传统的流感疫苗相比，它的生产成本更低，速度更快，而且可能帮助新加坡获得独立供应，这在流感爆发时至关重要。

[53]《海峡时报》，2007 年 2 月 8 日。在哈佛大学教授迈克尔·波特对各国创新政策的研究中，新加坡在保护知识产权的有效性以及通过税收减免和补贴支持研发方面获得了最高评价。见《海峡时报》，2003 年 11 月 19 日。

[54]《海峡时报》，2009 年 5 月 13 日。应仪如（Jackie Ying）教授经常被称为引进到新加坡的最大"鲸鱼"之一。这位出生在中国台湾地区的科学家是一名化学工程师，她名下拥有或正在申请的专利多达 120 多项。

[55] 见 John Ziman, *Prometheus Bound: Science in a Dynamic Steady State*（Cambridge: Cambridge University Press, 1994）。

[56]《海峡时报》，2003 年 12 月 13 日。向学校推广"青年科学家"计划是新加坡大多数研究机构采取的常见策略。然而，并没有文件说明这种计划对最终从事研发工作的参与者的人数有什么影响。此外，目标学校通常是精英学校。在给《海峡时报》的信中，陈秋怡（Queenie Tan Khoo Ghee）评论说："如果我们想让新加坡人至少填补一半的研究职位，那么现在是时候停止忽视我们身边的学校了。"见《海峡时报》，2004 年 5 月 19 日。

[57]《海峡时报》，2004 年 4 月 5 日。

[58] Manuel Salto-Tellez, Vernon M.S. Oh and E.H. Lee, "How Do We Encourage Clinician Scientists in Singapore?", *Academic Medicine in Singapore* 26, no.11（2007）.

[59] <http://news.xin.msn.com/en/singapore/article.aspx?cp-documentid=4398529>（2013 年 11 月 29 日访问）。

[60]《海峡时报》，2013 年 5 月 1 日。另据报道，"新加坡在这方面并非绝无仅有。去年 12 月（2012 年）科学杂志《自然生物技术》的一份报告发现许多国家都有大量的外国科学家。瑞士、加拿大、澳大利亚、美国、瑞典和英国的外国科

学家的比例从 33% 到 57% 不等"。

[61] 与作者的电子邮件访谈，2014 年 10 月 4 日。

[62] Ziman, *Prometheus Bound*, pp.232 and 235.

[63] 同上，第 241 页。

[64] Shahid Yusuf and Kaoru Nabeshima, *Postindustrial East Asian Cities：Innovation for Growth*（Washington, DC：World Bank，2006）.

[65] 同上，第 133 页。

[66] 同上，第 134 页。

[67] 同上，第 134 页。

[68] 同上，第 135 页。

[69]《海峡时报》，2013 年 5 月 26 日。

[70] <http://www.timeshighereducation.co.uk/news/>（2013 年 12 月 3 日访问）。保罗・诺斯爵士在 2013 年 10 月 2 日于新加坡举行的《泰晤士报》高等教育世界学术峰会上发言。

[71] 同上。

[72]《海峡时报》，2010 年 12 月 11 日。

[73]《海峡时报》，2013 年 12 月 6 日。

[74] Catherine Waldby, "Singapore Biopolis：Bare Life in the City State" <http://www.kcl.ac.uk/ssp/departments/>（2013 年 12 月 5 日访问）。

[75] 同上。

[76] 2002 年，新加坡科技研究局成立了新加坡人体组织网络（STN）。它是一个非营利的、由政府支持的国家组织和 DNA 储存库。目标是提供一个全新加坡的组织和 DNA 网络，以支持新加坡生物医学科学研发的发展。

[77] 在美国，在忍受了乔治・布什对科学的敌意 8 年，以及担心国家可能在科学和创新方面落后的情况下，举办"2008 年科学辩论"的想法在美国科学界引起了强烈的共鸣。

[78]《海峡时报》，2014 年 6 月 1 日。该学院早在 1969 年就已成立。它仍然是一个独立的机构，因此它可以对新加坡的科学政策和举措提供不偏不倚的评论。

[79] Chris Mooney and Sheril Kirshenbaum, *Unscientific America：How Scientific Illiteracy Threatens Our Future*（New York：Basic Books，2009）.

[80]《海峡时报》，2014 年 1 月 1 日。该杂志由陈重娥（Juliana C.N. Chan）创办。

第一期主要关注生物医学问题，文章介绍干细胞、登革热和流感等传染病的防治，以及如何在细菌对抗生素产生抗药性之前保持领先地位。

［81］Mooney and Kirshenbaum, *Unscientific America*, pp.125-26.

［82］《海峡时报》，2015 年 6 月 21 日。

［83］John Dower, *The Cultures of War*: *Pearl Harbor*, *Hiroshima*, *9-11*, *Iraq*（New York: Norton, 2010），p.253.

［84］Lucy Birmingham and David McNeil, *Strong in the Rain*: *Surviving Japan's Earthquake*, *Tsunami and Fukushima Nuclear Disaster*（New York: Palgrave Macmillan, 2012），p.94.

［85］Michael Chwe Suk-Young, "Scientific Pride and Prejudice"，《海峡时报》，2014 年 2 月 22 日。

［86］Nature, 29 March 2012, pp.531-33.

［87］《海峡时报》，2014 年 3 月 11 日。另见《日本科学家小保方晴子为"虚假"干细胞道歉》<http://www.dailymail.co.uk/news/article>（2014 年 4 月 10 日访问）。主要作者小保方晴子尽管在电视新闻发布会上含泪道歉，但还是否认了这些指控。笹井芳树自杀身亡。

［88］崔时英，"Scientific Pride and Prejudice"。

［89］见 R. Grant Steen, Alluro Casadeva and Ferric C. Fang, "Why Has the Number of Scientific Retractions Increased?", 8 July 2013 <http://www.plosone.org/article/infor% 3Adoi%2F10.1371%2Fjournal.pone.0068397>.

［90］同上。

［91］科学不端行为在新加坡国立大学已经发生。2012 年，该大学的前校长阿利里奥·梅林德（Alirio Melendez）在 21 篇论文中捏造了数据，2014 年，前杨潞龄（Yong Loo Lin）医学院的教师阿诺普·尚卡尔（Anoop Shankar）伪造证件。见《星期日时报》，2014 年 9 月 21 日。

［92］《海峡时报》，2014 年 9 月 3 日。

［93］2013 年 7 月，在与国家教育学院的职前科学教师进行的非正式讨论中强调了这一点。

［94］Daniel S. Greenberg. "The Mythical Scientist Shortage", *Scientist* 17, no.6（2003）: 68. 另见 Jerry Mervis, "Studies Suggests Two-Way Street for Science Majors", *Science* 343, no.6167<http://www.sciencemag.org/

content/343/ 6167/125.summary>（2014 年 3 月 19 日访问）。

［95］<http://www.nistep.go.jp/achiev/abs/jpn/rep072j/rep072aj.html>（2014 年
3 月 19 日访问）。

第六章　社会文化属性和研发

［1］Peter L. Berger,“An East Asian Development Model?”, *Economic News*, 12–
23 September 1984.

［2］Alex Inkeles, *What is Sociology*?（Englewood Cliffs, NJ：Prentice Hall, 1964）,
p.66.

［3］参见 Robert E. McGinn, *Science*, *Technology and Society*（Englewood Cliffs,
NJ：Prentice Hall, 1991）,第 4 章,对一个社会的社会文化环境系统进行理论
分析,该系统可以促进或抑制对科学技术的系统性思考和技术创新的发展。

［4］例如, Jan Uljin and M. Weggeman,“Toward an Innovation Culture：What
are its National, Corporate, Marketing and Engineering Aspects, Some
Experimental Evidence”,载于 *The International Handbook of Organizational
Culture and Climate*, edited by Cary L. Cooper, Sue Cartwright and P.
Christopher Earley（Chichester, NY：Wiley, 2001）, pp.487–517；Cheryl
Nakata and L. Sivakumar,“National Culture and New Product Development：
An Integrative Review”, *Journal of Marketing* 60, no.1（1996）：61–72.

［5］Geert Hofstede, *Culture's Consequences：International Differences in Work-
Related Values*（Beverly Hills：Sage, 1980）；Geert Hofstede, *Cultures and
Organizations：Software of the Mind*（New York：McGraw Hill, 1991）。这四个
维度分别是权力距离指数、不确定性规避指数、个人主义指数和男子气概指数。

［6］五是“共同价值观”；包括①国家先于社会, 社会高于自我；②家庭是社会的基
本单位；③尊重和社区对个人的支持；④共识, 而不是争论；⑤种族和宗教的和
谐。这套共同价值观背后的主题强调社群主义价值观, 并反映了新加坡的传统。

［7］参见 Charles Hampden-Turner and Alfonsus Trompenaars, *The Seven Cultures
of Capitalism*（New York：Doubleday, 1993）, Chapter 8.

［8］1994 年 8 月 4 日,《海峡时报》刊登了采访的摘录。

[9] John Clammer，"Deconstructing Values：The Establishment of a National Ideology and Its Implications for Singapore's Political Future"，载于 *Singapore Changes Guard：Social，Political and Economic Directions in the 1990s*，edited by Garry Rodan（New York：St Martin's Press, 1993），p.37.

[10] Kim Dae Jung，"Is Culture Destiny? The Myth of Asia's Anti-Democratic Values"，*Foreign Affairs* 73，no 6（1994）：190.

[11] 李光耀，1994 年 4 月 2 日接受《时代》周刊采访。

[12] Chiew Seen Kong，"National Identity, Ethnicity and National Issues"，载于 *In Search of Singapore's National Values*，*edited by Jon Quah S.T.*（Singapore：Times Academic Press, 1990），pp. 66-79.

[13] Fareed Zakaria，"Culture is Destiny：A Conversation with Lee Kuan Yew"，*Foreign Affairs* 73，no. 2（1994），p.118.

[14] 同上。

[15] 同上，第 114 页。

[16] Frank Gibney，*The Pacific Century*（New York：Scribner's, 1992），p.272.

[17] Goh Chok Tong，*A Nation of Excellence*（Singapore：Ministry of Communications and Information, 1986），p.11.

[18]《星期日泰晤士报》，1993 年 1 月 3 日。

[19]《海峡时报》，1995 年 1 月 14 日。

[20] <http://data.Worldbank.org/indicators/NY.GDP.P>（2014 年 2 月 7 日访问）。

[21]《海峡时报》，1990 年 10 月 4 日。

[22] 政府的口号是"无论何处走，礼貌皆要有"，通过海报传达了这一信息，海报上描绘了一名新加坡人在自助餐桌上高高地堆起食物，旅游大巴上扔下来一个纸杯，一名巴士乘客站在报纸后面，而一名孕妇就站在旁边。

[23] 参见 Fred Hirsch，*Social Limits to Growth*（Cambridge, MA：Harvard University Press, 1976）。

[24] Goh，*Nation of Excellence*，p.5.

[25] 1993 年 5 月 1 日的《海峡时报》周刊报道了这项调查。

[26]《海峡时报》，1993 年 9 月 20 日;《海峡时报》周刊，1993 年 10 月 23 日;《海峡时报》，1994 年 12 月 7 日。

[27]《海峡时报》，2014 年 10 月 19 日。

[28]《海峡时报》周刊，1993 年 10 月 9 日。

[29]《海峡时报》，2014 年 3 月 26 日。

[30] "文艺复兴科学家"背后的思想最早是由塞缪尔·C. 弗洛曼（Samuel C. Florman）提出的。他的模式要求培养能够从事由技术到管理再到公共服务等广泛活动的工程专业毕业生。弗洛曼（Florman）认为："我们如果想要培养文艺复兴时期的工程师，即多才多艺的、能够参与到最高委员会的男性和女性，我们就不能想着通过职业学校，即使是科学水平卓越的职业学校来培养他们，因为许多工程学院正在变成这样的学校。"参见 Samuel Florman, "Engineering and the Concept of the Elite"，载于 *The Bridge*（National Academy of Engineering, Winter 2001）。

[31] Goh Chok Tong, *"Need for Entrepreneurial Technocrats"*, Speeches 2, no.5（1978）：61.

[32]《海峡时报》，1995 年 1 月 30 日。

[33]《海峡时报》，1993 年 8 月 27 日。

[34] 同上。

[35] Ho Kwon Ping, "Entrepreneurs Need Right Conditions to Grow and Flourish", *Straits Times Weekly Edition*, 13 March 1993.

[36] Bob McDonald, "From the Midwest to the Far East"，载于 *Reimagining Japan*：*The Quest for a Future that Works*, edited by McKinsey & Company（San Francisco：VIZ Media, 2011），p.253.

[37] 1995 年 2 月 2 日，新加坡实验私人有限公司的一位研究科学家在接受采访时提出了这一点。该公司是新加坡首家商业研发公司，坐落在科学园。虽然这些评论已经过时了，但最近一位研发经理对作者的评论仍然指向了公司保密和保密的心理模式。

[38] Hang C.C., "NUS–Industry R&D Collaboration：An Overview"，载于 *Proceedings of Seminar on NUS–Industry R&D Collaborations*：*Potential, Resources and Benefits*（National University of Singapore, 1993），p.13.

[39] Lee Boon Yang, *Parliamentary Debates*, Republic of Singapore, Official Report, 11 January 1988, vol.50, col.160. 在移居国外的 10 916 人中，有 8 144 人放弃了新加坡公民身份，2 772 人因获得其他公民身份而终止了新加坡公民身份。此外，在同一时期，有 88 132 人获得了新加坡公民身份，另有

67 400 人成为新加坡永久居民。

［40］S. Jayakumar, *Parliamentary Debates*, Republic of Singapore, Official Report, 6 October 1989, vol.54, col.659-660.

［41］Leong Chan Hoong and Debbie Soon, *A Study of Emigration Attitudes of Young Singaporeans* (Institute of Policy Studies, Working Papers No. 19, March 2011), p.51. 2009 年，李光耀在接受合众国际社采访时表示，新加坡的前 30% 人口里，每年会流失 4% ~ 5%。

［42］《海峡时报》，2013 年 3 月 9 日。

［43］参见 Tambyah Siok Kuan and Tan Soo Jiuan, *Happiness and Wellbeing: The Singaporean Experience* (New York: Routledge, 2013).

［44］*Population in Brief 2013* (Department of Statistics, Singapore, 2013), p.24.

［45］*Parliamentary Debates*, 11 January 1988, vol.50, col.160.

［46］Chiara Franzoni, Giuseppe Scellato and Paula Stephan, *Foreign Born Scientists: Mobility Patterns for Sixteen Countries* (Cambridge, MA: National Bureau of Economic Research, 2012 <http://www.nber.org/papers/w18067> (访问时间：2014 年 3 月 24 日)。

［47］参见 http://www.universityworldnews.com/article.php?story (访问时间：2014 年 3 月 24 日)。胡萝卜政策包括巨额的货币和其他激励措施，如住房补助和为这些海归的子女提供免税教育津贴。尽管根据官方数据，该计划在不到五年的时间里招募了大约 3 000 名海归。但人们也担心，它并没有让研究人员回来全职工作，致力于中国科技部门的长期发展，并培养未来的本土博士人才。据专家介绍，海归更愿意在中国从事兼职或访问研究工作，而不是全职工作。而且，他们往往不愿意放手西方主要大学的终身职位。

［48］《海峡时报》，2013 年 10 月 25 日。

［49］<http://www.facebook.com/The Straits Times/posts/10151646783737115> (2014 年 3 月 24 日访问)。

［50］有关对研发的期望和态度的见解来自 1993 年或 1994 年进行的实地调查，并与《海峡时报》的报道和作者在 2014 年进行的个人访谈相印证。

［51］1994 年 4 月对作者的采访。

［52］2014 年 10 月 31 日与作者的电子邮件访谈。

［53］1994 年 3 月对作者的采访。

［54］1994 年 3 月对作者的采访。

［55］1994 年 4 月对作者的采访。

［56］一位旅居美国的新加坡生物医学工程师的评论。2014 年 10 月 31 日与作者的
电子邮件访谈。

［57］《海峡时报》，2014 年 2 月 10 日。

［58］《海峡时报》，2015 年 5 月 30 日。

［59］《海峡时报》，2015 年 7 月 12 日。

［60］2014 年 4 月 6 日对作者的采访。

［61］由于政府征收的税费，现在雇用外国工程师的成本很高。

［62］2014 年 10 月 4 日通过电子邮件采访作者。

［63］<http://sgforums.com/forums/10/topics/321470>（ 于 2014 年 3 月 25 日
访问）。

［64］同上。

［65］《海峡时报》，2014 年 4 月 28 日。

［66］Moses Cho, Mathew Jennings, Vanessa Thompson and Ben Burk, "South
Korean Engineering Culture", 29 April 2013 <http://blogs.It.vt.edu/
southkoreaengineer>（访问 2014 年 3 月 25 日）。

［67］Martin Fackler, "High-Tech Japan Running Out of Engineers", *New York
Times*, 17 May 2008 <http://www.nytimes.com/2008/05/17/ business/
17engineers.html?_r=0&pag>（访问 2014 年 3 月 25 日）。

［68］"Germany Fears Decline of Skilled Engineers", 11 August 2006 <http://
www.workpermit.com/news/2006_08_11/germany/skilled_engineers_
needed.htm>（2014 年 3 月 25 日访问）。

［69］有趣的是，1994 年，南洋理工大学的一名工程研究生研制了世界上最快的电
动汽车。他要求在新加坡试驾该车，但被新加坡政府拒绝。相反，马来西亚当
局却出手相助，并在马六甲州的一条机场跑道上创下了世界纪录最高时速为
169.544 千米，打破了意大利人达里奥·萨西（Dario Sassi）在 1992 年创下的
165.387 千米的最高纪录。见《海峡时报》，1994 年 10 月 23 日。

［70］2014 年 10 月 4 日通过电子邮件采访作者。

［71］2014 年 10 月 31 日与作者的电子邮件访谈。

第七章　走向科技创新型社会

[1] Masanori Moritani, *Japanese Technology and its Transfer to Singapore*, Working Paper, Policy and Management Research Department（Nomura Research Institute, August 1982）. 1982 年 8 月，新加坡政府邀请这两位研究日本工业成功的专家与当地企业家和政府高级官员进行对话。另见《海峡时报》，1982 年 8 月 9 日和 1982 年 9 月 27 日。

[2] 同上，第 3 页。

[3] 同上，第 4 页。

[4] Mah Bow Tan, *Parliamentary Debates*, Official Report, Singapore, 21 March 1989, col. 613.

[5] Lee Kuan Yew, *From Third World to First：The Singapore Story 1965—2000* （Singapore：Straits Times Press, 2000）, p.587.

[6] <http://www.todayonline .com/voices/what price–innovation–spore>（2014 年 4 月 7 日访问）。

[7] M. Porter, *Competitive Advantage of Nations*（New York：The Free Press, 1990）, p.566.

[8] 同上，第 554–555 页。

[9]《海峡时报》，1983 年 4 月 1 日。

[10]《海峡时报》，1985 年 4 月 22 日

[11]《海峡时报》，1986 年 5 月 9 日。

[12] Economic Strategies Committee, *High Skill People*, *Innovative Economy*, *Distinctive Global City*（Singapore：Ministry of Trade and Industry, February2010）.

[13] 与作者的访谈，2014 年 4 月 1 日。另见《海峡时报》，2013 年 7 月 19 日关于该公司的报道。

[14] J. Mokyr, *The Lever of Riches：Technological Creativity and Economic Progress* （Oxford：Oxford University Press, 1990）, p.154.

[15] 同上，第 11–12 页。

[16] 同上。

[17] Erik Brynjolfsson and Andrew McAfee, *The Second Machine Age：Work*,

Progress, *and Prosperity in a Time of Brilliant Technologies* (New York：Norton，
2014)．

［18］James W. Dearing，*Growing a Japanese Science City：Communication in Scientific
Research*(New York：Routledge，1995)．

［19］Taichi Sakaiya，*What is Japan? Contradictions and Transformations*，Steven
Karpa 译 (Kodansha International，1993)，pp.219-29．

［20］Angela Jeffs，"Genius at Work"，*Asia Magazine*，1-2 July 1994，p.12．

［21］Shintaro Ishihara，*The Japan That Can Say No*，Frank Baldwin 译 (Simon and
Schuster，1991)，pp.37-38．

［22］M.O. Kim and S. Jaffe，*The New Korea：An Inside Look at South Korea's
Economic Rise* (New York：Amacom，2010)，pp.150-51．

［23］Earl H. Kinmonth，"Japanese Engineers and American Myth Makers"，
Pacific Affairs 64，no.3 (1991)：337．

［24］G. Tassey，*Technology Infrastructure Technological Infrastructure Policy：An
International Perspective* (Dordrecht：Kluwer Academic，1996)，pp.244-245．

［25］见 Doreen Massey，*High-tech Fantasies：Science Parks in Society*，*Science*，*and
Space*(London：Routledge，1992)；Daniel Felsenstein，"University-related
Science Parks- 'Seedbeds' or 'Enclaves' of Innovation?"，*Technovation* 12，
no.2 (1994)：93-110．

［26］Anna L. Saxenian，*Regional Advantage：Culture and Competition in Silicon Valley
and Route 128* (Cambridge，MA：Harvard University Press，1996)．

［27］M. Castells and P. Hall，*Technopoles of the World* (London：Routledge，
1994)，p.234．

［28］Mae Phillips Su Ann and Henry Yeung Wai-Chung，"A Place for R&D? The
Singapore Science Park"，*Urban Studies* 40，no.4 (2003)：710．

［29］同上，第 722 页。

［30］同上，第 723-24 页。

［31］Thomas O. Eisemon and Charles H. Davis，"Universities and Scientific
Capacity"，*Journal of Asian and African Studies* 27，nos. 1-2 (1992)：68-93．

［32］《海峡时报》，1994 年 8 月 24 日。

［33］<http:www.nature.com/press_rleases/media-pitches.html>（2015 年 4 月 4 日

　　访问）。

[34] 同上。

[35]《海峡时报》，2015 年 6 月 20 日。

[36] <http://www.topuniversities.com/university-rankings/university-subject-
　　rankings/2015/eng>（2015 年 4 月 29 日访问）。

[37] 同上。

[38] 见 Florida, The Creative Class Revisited and <http://www.citylab.com/work/
　　2011/10/global-creativity-index/229/>.

[39] <http://www.globalinnovationindex.org/content/page/GII-Home>.

[40] 同上。

[41]《海峡时报》，2014 年 4 月 2 日。排名前七的国家和地区都在亚洲：新加坡、
　　韩国、日本、澳门、中国香港、上海和中国台北。然而，在麻省理工学院的安
　　德鲁·麦卡菲看来，新加坡的国际学生评估项目成绩并不意味着其教育体系善
　　于鼓励这种创造力和创新。见《海峡时报》，2014 年 3 月 2 日。

[42] 同上。

[43]《海峡时报》，2015 年 5 月 13 日。学校排名是基于国际评估的综合，包括经
　　合组织的国际学生评估项目（PISA）测试、美国学术界的国际数学和科学
　　评测趋势（TIMSS）测试和拉丁美洲的第三次地区比较和解释性研究测试
　　（TERCE），将发达国家和发展中国家放在一个统一的尺度上。

[44] 见 Kishore Mahbubani, *Can Asians Think*（Singapore：Marshall Cavendish,
　　2009）.

[45]《海峡时报》，2004 年 5 月 5 日。

[46] <http://www.wipo.int/ipstats/en/statistics/country_profile/countries/
　　sg.html>（2014 年 4 月 16 日访问）。另见《海峡时报》，2012 年 8 月 16 日。

[47]《星期日时报》，2014 年 9 月 21 日。

[48] 2002 年和 2013 年新加坡国家研发调查，新加坡科技研究局。

[49] 见 P.A. Herbig and F. Palumbo, "The Effect of Culture on the Adoption
　　Process", *Technological Forecasting and Social Change*, vol.46（1994）: 78.

[50] Chris Anderson, *Makers*: *The New Industrial Revolution*（London：Random
　　House, 2012）, p.108.

[51] <http://www.gemconsortium.org/country-profile/105>.

［52］Eric Schmidt and Jared Cohen, *The New Digital Age*：*Reshaping the Future of People*, *Nations and Business*（London：Murray, 2013）.

［53］见 <http://www.straitstimes.com/news/opinion/more-opinion-stories/story/how-singapore became-a-hub for-tech-start-ups>。

［54］见 <http://www.economist.com/news/special-report/21593582-what-entrepreneurial-ecosystems-need-to-fourish>。

［55］Anderson, *Makers*, pp.50-51.

［56］在高科技企业的世界里，"吸引力"是指谷歌（Google）、脸书（Facebook）、高朋（Groupon）和领英（LinkedIn）这样的公司。它们是将比特和字节转化为大批量、高利润的技术服务的软件企业。它们是全球品牌，高度透明化，并触及全球消费者。2014 年 6 月，随着收购前景的破灭，半导体封装公司新科金朋（Stats ChipPAC）的股票下跌了 10%。见《海峡时报》，2014 年 6 月 13 日。

［57］<http://www.techinasia.com/singapores-zopim-acquired-sendesk/>（2014 年 4 月 28 日访问）。这家新加坡公司由 4 名新加坡国立大学毕业生于 2008 年创办，两年后走出了测试期。创始人在早期苦苦挣扎，两年来每月只付给自己微薄的 410 美元。该公司仅从媒体发展局（MDA）、新加坡春天公司和新加坡国立大学企业部获得了约 40 万美元的种子资金。自 2010 年以来，它的增长速度加快，成为全世界使用最广泛的支持性聊天小工具之一。

［58］《海峡时报》，2013 年 9 月 3 日。

［59］与作者的电子邮件访谈，2014 年 10 月 31 日。

［60］《海峡时报》，2015 年 4 月 21 日。

［61］《海峡时报》，2014 年 5 月 22 日和 2014 年 7 月 3 日。

［62］《星期日时报》，2014 年 9 月 28 日。

［63］政府对初创企业各阶段的 A 系列（可行性研究阶段）、B 系列（产品开发）和 C 系列（产品商业化）的资助是由国家研究基金会与创新局和信息通信发展局（IDA）等机构大力支持的。

［64］《海峡时报》，2009 年 11 月 6 日。

［65］与作者的电子邮件采访，2014 年 10 月 31 日。

［66］《海峡时报》，2015 年 4 月 21 日。

［67］有趣的是，在 2015 年 9 月的新加坡大选中，这种规避风险和"怕死"文化也得到了展现。除其他因素外，对反对党势力日益壮大的担忧也促使选民选择更

安全的途径，即支持带领国家跻身"第一世界"的执政党。在议会中培养强大的反对派存在太多风险。

[68]《海峡时报》，2014 年 7 月 3 日。

[69] C.K. Wang and P.K. Wong, "Entrepreneurial Interest of University Students in Singapore", *Technovation*, vol.24（February 2004）: 163-72.

[70] Winston T.H. Koh and P.K. Wong, "Competing at the Frontier: The Changing Role of Technology Policy in Singapore's Economic Strategy", *Technological Forecasting and Social Change* 72, no.3（2005）: 255-85.

[71] 企业对消费者，或称 B2C，是指公司与作为产品或服务的最终用户的消费者之间直接进行的业务或交易。B2C 作为一种商业模式与企业对企业的模式有很大不同，后者是指两个或更多企业之间的商业业务。B2C 一词在 20 世纪 90 年代末的网络热潮中变得非常流行，当时它主要用于指在线零售商，以及其他通过互联网向消费者销售产品和服务的公司。尽管许多 B2C 公司在随后的网络经济萧条中成为受害者，因为投资者对该行业的兴趣减少，风险资本资金枯竭，但 B2C 的领导者，如亚马逊（Amazon.com）和普利斯林（Priceline.com），在这场震荡中幸存下来，并继续跻身于世界最成功的公司之列。

[72]《中国日报》，2012 年 12 月 13 日。

[73] Winston T.H. Koh and P.K. Wong, *The Venture Capital Industry in Singapore: A Comparative Study with Taiwan and Israel on the Government's Role*, Working Paper（NUS Entrepreneurship Centre, May 2005）, p.25.

[74] 天使投资人通常是富有的人，他们通过资助他们信任的创业者来帮助他们创业。

[75]《海峡时报》，2014 年 1 月 11 日。

[76]《海峡时报》，2012 年 12 月 19 日。

[77] 与作者的访谈，2014 年 6 月 17 日。

[78]《海峡时报》，2014 年 4 月 14 日。该公司的目标是在 2015 年之前在美国的纳斯达克证券交易所上市。

[79] 见 <https://en.wikipedia.org/wiki/The_Buccaneer_（3D_printer）>（2015 年 10 月 30 日访问）和《海峡时报》，2015 年 10 月 28 日。

[80] *Today*, 15 December 2009 and *Straits Times*, 28 October 2015.

[81] 关于 K-pop 文化在世界范围内的兴起和崛起，见 Euny Hong, *The Birth of*

Korean Cool：*How One Nation is Conquering the World through Pop Culture*（New York：Picador，2014）。

［82］<http://english.msip.go.kr/english/wpge/m_74/eng010101.do>（2014 年 10 月 1 日访问）。

［83］《海峡时报》，2015 年 5 月 9 日。

［84］Hong，*Birth of Korean Cool*，p.249.

结语　服务经纪文化的力量

［1］<http://www.nrf.gov.sg/media-resources/publications/research-innovation-Enterprise-2015>（2015 年 6 月 10 日访问）。政府将继续致力于研究、创新和企业发展，并将在 2016 年至 2020 年间为 RIE2020 计划投资 190 亿美元。

［2］*National Survey of R&D in Singapore 2012*（Singapore：Agency for Science，Technology and Research，December 2013），p.1.

［3］同上，第 8 页。

［4］在这个小城市国家，外国人的比例不断上升——包括本地大学的学者，这一问题正变得高度政治化。一些新加坡的学术界人士正在谈论雇用许多国际学者和研究人员造成的“不平衡”，特别是在政治学和大众传播等“敏感部门”。一些年轻的新加坡博士生和教职员工担心他们在学术工作和晋升方面被国外的教授所取代。

［5］《中国日报》亚洲周刊，2015 年 5 月 29 日至 6 月 4 日。

［6］J.D. Sachs，“Government，Geography，and Growth：The True Drivers of Economic Development”，*Foreign Affairs* 92，no.5（2012）：142-50.

［7］见 Kwa Chong Guan，*Locating Singapore on the Maritime Silk Road：Evidence from Maritime Archaeology，Ninth to early Nineteenth Centuries*（Singapore：Institute of Southeast Asian Studies，2012）。

［8］P. Regnier，*Singapore：City-State in South-East Asia*，Christopher Hurst 译（Honolulu：University of Hawai'i Press，1987），p.39。地理环境影响了斯坦福·莱佛士于 1819 年 1 月登陆该岛。正是由于地理上的原因，在岛的南端有一

个避风的深水港，经过改造，最终成为世界航运公司的著名停靠港。这个沿海地区为大型船只提供了深水泊位和更好的服务设施。

[9] M. Porter, *Competitive Advantage of Nations*（New York：The Free Press, 1999），p.256.

[10]《海峡时报》，2015 年 7 月 4 日。

[11] 见 Goh Chor Boon, *Technology and Entrepot Colonialism in Singapore，1819—1940*（Singapore：Institute of Southeast Asian Studies, 2013（Singapore：Institute of Southeast Asian Studies, 2013），Chapter 3，以了解关于海事技术和港口发展的讨论。

[12] 见 Tan Yam Hua, Gertrude, "Technological Change and Development：A History of the Port of Singapore Authority from 1964—1990"（荣誉论文，南洋理工大学，1966 年），研究管理层和员工如何看待技术变革。

[13] <http://www.singaporepsa.com/our-commitment/innovation>（2014 年 4 月 30 日访问）。

[14] 见《海峡时报》，2015 年 9 月 15 日。新加坡连续第二年获得全球航运中心指数第一名。国际航运中心发展指数对 46 个主要港口的表现进行排名。伦敦位居第二，中国香港位居第三。

[15] 见 Thomas Friedman, *The World is Flat*（New York：Farrar, Straus and Giroux, 2005）。

[16] Stephen Hill, "Creativity and Capture：The Social Architecture of Technological Innovation in Australia", *Verbatim Report：Contemporary Australian Speeches on Vital Issue* 1, no.5（1992）：162.

[17] David Priestland, *Merchant, Soldier, Sage：A New History of Power*（London：Penguin Books, 2012），pp.6-7.

[18] <http:www.censtad.gov.hkstat/sub/so120.jsp>.（2014 年 7 月 15 日访问）。

[19] <http://www.enterpriseone.gov.sg 和 http://www.tradingeconomics.com/singapore/gdp-growth-annual>（2014 年 8 月 7 日访问）。

[20]《海峡时报》，2014 年 10 月 20 日。

[21] Lee Kuan Yew, *From Third World to First：The Singapore Story 1965—2000*（Singapore：Straits Times Press, 2000），Chapter 5.

[22]《星期日泰晤士报》，1994 年 9 月 25 日。

[23]《海峡时报》，2014 年 4 月 18 日。

[24] 一年一度的"未来中国全球论坛"是促进中国—新加坡商业关系的重要渠道。

[25] 比尔·盖茨评论说，数字或移动银行业务有可能在南非等国家迅速起飞，这些国家有很大一部分人不使用银行或银行机构（"无银行"的人）。虽然新加坡人主要使用银行进行金融交易，但移动运营商已经在与银行合作推出金融技术服务。新加坡电信已经与渣打银行合作，推出了新的 mWallet Dash。见 <http://e27.co/singtel-stanchart-make-dash-m-commerce-20140603>（2015 年 6 月 10 日访问）。

[26] Vladislav Solodkiy, "Ten Teasons Why Singapore Is the Next Big City for Fintech" <http://www.technasia.com.talk/lifesreda-emigrussia-inspirasia/>（2015 年 6 月 10 日访问）。

[27]《海峡时报》，2015 年 6 月 30 日。

[28] Robert Reich, *The Work of Nations*（New York：Vintage Books, 1992），pp.177-78.

[29] 同上。

[30] Porter, *Competitive Advantage of Nations*, p.563.

[31] 见 Grace Loh, Goh Chor Boon and Tan Teng Lan, *Building Bridges, Carving Niches*（Singapore：Oxford University Press, 2000），Chapter 7.

[32]《海峡时报》，2014 年 4 月 2 日。

[33]《海峡时报》，2014 年 9 月 19 日和 11 月 20 日。就亿万富翁人数而言，新加坡在亚洲排名第五，仅次于拥有 190 名超级富豪的中国，其次是印度、中国香港和日本。

[34] Lee Tsao Yuan and Linda Low, *Local Entrepreneurship in Singapore, Private and State*（Singapore：Times Academic Press, Institute of Policy Studies, 1990）.

[35] 有关与新加坡品牌相关的荣誉列表，请参阅 <http://www.edb.gov.sg/content/edb/en/why-singapore/about-singapore/facts-andranking...>.

[36]《海峡时报》，2014 年 10 月 9 日。

[37]《海峡时报》，2015 年 10 月 29 日。

[38] David Chan Kum Wah, "Kiasuism and the Withering away of Singaporean Creativity"，载于 *Singapore：Reflective Essays, edited by Derek Da Cunha*（Singapore：

Institute of Southeast Asian Studies, 1994）, p.71.

［39］《海峡时报》，2015 年 10 月 3 日。

［40］Robert Reich, *The Future of Success*（New York：Knoff, 2001）, p.68.

［41］Kevin Hamlin, "Remaking Singapore", *Institutional Investor*, 7 June 2002.

［42］《海峡时报》，2015 年 9 月 7 日。赛森榜单（Sessen's list）上的另外两个全球
城市是迪拜和中国香港。另见《海峡时报》于 2015 年 9 月 23 日发表的汇丰外
籍人士调查报告，其中来自 39 个国家的 21 950 名外籍人士中，大多数人认为
新加坡是世界上最适合生活和工作的地方。

［43］Lee, *From Third World to First*, p.597.

缩略语列表

A*Star　新加坡科技研究局

AAAS　美国科学促进会

APEC　亚太经合组织

ASEAN　东盟

B2C　企业对消费者

BIM　建立信息模型

BMS　生物医学科学

CADD　计算机辅助设计与制图

CIMOS　计算机综合航务营运系统

CITOS　码头计算机综合操作系统

CPF　中央公积金

DJHS　约翰斯·霍普金斯大学新加坡生物医学科学部

DSO　国防科学组织

EAEC　东亚经济论坛

EAEG　东亚经济集团

EDB　新加坡经济发展局

EIU　经济学人智库

EOI　出口导向型工业化

ESC　新加坡经济战略委员会

EWIPO　环境与水工业计划办公室

FDI　外商直接投资

FSTI　金融科技与创新

GCI　全球创造力指数

GDP　国内生产总值

GERD　研发总支出

GIS　新加坡基因组研究院

ICT　信息与通信技术

IES　工程师协会

IMB　（新加坡）医学生物研究所

IMCB　分子与细胞生物学研究所

IP　知识产权

IPOS　新加坡知识产权局

ISI　进口代替工业化

JCCI　日本商工会议所

JHM　约翰斯·霍普金斯医学院

LIUP　地方产业升级方案

MIT　麻省理工学院

MNC　跨国公司

MPA　新加坡海事及港务管理局

NAFTA　北美自由贸易区

NIE　新加坡国立教育学院

NIE　新兴工业化经济体

NPI　自然出版指数

NRF　新加坡国家研究基金会

NSTB　新加坡国家科技局

NTP　新加坡国家科技规划

NTU　南洋理工大学

OECD　国际经济合作与发展组织

OHBC　桥式起重机

P&G　宝洁公司

PAP　新加坡人民行动党

PCT　《专利合作条约》

PISA　国际学生评估项目

PLC　产品生命周期

PSA　新加坡港务局

PSC　新加坡公共服务委员会

PUB　新加坡公用事业局

QCC　品管圈

R&D　研发

RCOC　远程启动系统

RIE　（新加坡）研究、创新与企业计划

RSE　研究科学家和工程师

S&T　科学和科技

SGH　新加坡中央医院

SISIR　新加坡标准与工业研究所

SIT　新加坡理工大学

STEM　科学、技术、工程和数学

STN　新加坡组织网络

SUTD　新加坡科技与设计大学

TEA　早期创业活动指数

TEU　二十英尺标准箱

TFP　全要素生产率

WIPO　世界知识产权组织

参考文献

[1] Abramovitz, M. "Catching Up, Forging Ahead, and Falling Behind". *Journal of Economic History* 46, no. 2 (1986): 385-406.

[2] Acemoglu, D. and J. Robinson. *Why Nations Fail: The Origin of Power, Prosperity and Poverty*. London: Profile Books, 2013.

[3] Ahmed, A. "The Role of the Capital Goods Sector in Small, Open Economies". *Journal of Contemporary Asia* 24, no. 3 (1994).

[4] Ali, A. *Malaysia Industrialization: The Quest for Technology*. Singapore: Oxford University Press, 1992.

[5] Amin, S. *Neocolonialism in West Africa*. Harmondsworth: Penguin, 1973.

[6] Amsden, A.M. *Asia's Next Giant: South Korea and Late Industrialisation*. New York: Oxford University Press, 1989.

[7] ——. *The Rise of 'The Rest': Challenges to the West from Late-Industrializing Economies*. New York: Oxford University Press, 2001.

[8] Anderson, A. "Japanese Academics Bemoan the Cost of Years of Neglect". *Science*, 23 October 1992, pp. 564-82.

[9] Anderson, C. *Makers: The New Industrial Revolution*. London: Random House, 2012.

[10] Bartholomew, J.R. "Modern Science in Japan: Comparative Perspectives". *Journal of World History* 4, no. 1 (1993): 101-16.

[11] Bello, W. "The Spread and Impact of Export-Oriented Industrialisation in the Pacific Rim". *Third World Economics*, 16-18 November 1991.

[12] Berger, P.L. "An East Asian Development Model?" *Economic News*, 12-23 September 1984.

[13] Bernard, M. and J. Ravenhill. "Beyond Product Cycles and Flying Geese: Regionalisation, Hierarchy

and Industrialisation of East Asia". *World Politics* 47 (1995): 171-209.

［14］Birmingham L. and D. McNeil. *Strong in the Rain: Surviving Japan's Earthquake, Tsunami and Fukushima Nuclear Disaster*. New York: Palgrave Macmillan, 2012.

［15］Bloom, M.H. "Globalization and the Korean Electronics Industry". *Pacific Review* 6, no. 2 (1993).

［16］Booth, A. "Did It Really Help to be a Japanese Colony? East Asian Economic Performance in Historical Perspective". Asia Research Institute Working Paper Series, no. 43. National University of Singapore, June 2005.

［17］Brynjolfsson. E., and A. McAfee. *The Second Machine Age: Work, Progress, and Prosperity in a Time of Brilliant Technologies*. New York: Norton, 2014.

［18］Buchanan, I. *Singapore in South East Asia: An Economic and Political Appraisal*. London: Bell, 1972.

［19］Carnoy, M., M. Castells, S. Cohen and F.H. Cardoso. *The New Global Economy in the Information Age: Reflections on Our World*. Pennsylvania: Penn State University Press, 1993.

［20］Castells, M. and P. Hall. *Technopoles of the World*. London: Routledge, 1994.

［21］Chan, C.B. *Heart Work*. Singapore: Economic Development Board, 2002.

［22］Chan, H.C. *Singapore: The Politics of Survival 1965-67*. Singapore: Oxford University Press, 1971.

［23］Chen E.K.Y. *Multinational Corporations, Technology and Employment*. Hong Kong: Macmillan, 1983.

［24］Chng M.K., ed. *Effective Mechanisms for the Enhancement of Technology and Skills in Singapore*. Singapore: ASEAN Secretariat, 1986.

［25］Clark, N. "The Multinational Corporation: The Transfer of Technology and Dependence". *Development and Change* 6, no. 1 (1975).

［26］Cooper, C.L., S. Cartwright and P.C. Earley, eds. *The International Handbook of Organizational Culture and Climate*. Chichester, NY: Wiley, 2001.

［27］Cunha, D., ed. *Debating Singapore: Reflective Essays*. Singapore: Institute of Southeast Asian Studies, 1994.

［28］Dahlman, C.J. and L.E. Westphal. "The Meaning of Technological Mastery in Relation to Transfer of Technology". *Annals of the American Academy of Political and Social Sciences* 458 (November 1981).

［29］Dearing, J.W. *Growing a Japanese Science City: Communication in Scientific Research*. New York: Routledge, 1995.

［30］Dixon, C. *South East Asia in the World Economy*. Cambridge: Cambridge University Press, 1991.

［31］Douglas, S.J. "Some Thoughts on the Question: "How Do New Things Happen?" *Technology and Culture* 51, no. 2 (2010): 293-304.

［32］ Dower, J. *The Cultures of War: Pearl Harbor, Hiroshima, 9-11, Iraq* (New York: Norton, 2010).

［33］ ——. *Ways of Forgetting, Ways of Remembering: Japan in the Modern World*. New York: The New Press, 2012.

［34］ Economic Development Board. *Growing With Enterprise: A National Effort*. Singapore, 1993.

［35］ Economic Planning Committee. *The Strategic Plan: Towards a Developed Nation*. Singapore: Ministry of Trade and Industry, 1991.

［36］ Economic Review Committee. *New Challenges, Fresh Goal — Towards a Dynamic Global City*. Singapore: Ministry of Trade and Industry, 2003.

［37］ Economic Strategies Committee. *Report of the Economic Strategies Committee*. Singapore: Ministry of Trade and Industry, February 2000.

［38］ ——. *High Skill People, Innovative Economy, Distinctive Global City*. Singapore: Ministry of Trade and Industry, February 2010.

［39］ Eisemon, T.O. and C.H. Davis. "Universities and Scientific Capacity". *Journal of Asian and African Studies* 27, nos. 1-2 (1992): 68-93.

［40］ Ernst, D. and D. O'Connor. *Technology and Global Competition: The Challenge for Newly-Industrialising Economies*. OECD, 1989.

［41］ Etzkowitz, H. *The Triple Helix: University-Industry-Government Innovation in Action*. New York: Routledge, 2008.

［42］ ——. "StartX and the Paradox of Success: Filling the Gap in Stanford's Entrepreneurial Culture". *Social Sciences Information* 52, no. 4 (2013): 605-37.

［43］ Far Eastern Economic Review. *Asia Year Book 1979*.

［44］ Felsenstein, D. "University-related Science Parks — 'Seedbeds' or 'Enclaves' of Innovation?" *Technovation* 12, no. 2 (1994): 93-110.

［45］ Florida, R. *The Rise of the Creative Class Revisited*. New York: Basic Books, 2013.

［46］ Florman, S. "Engineering and the Concept of the Elite". *The Bridge*. National Academy of Engineering. Winter 2001.

［47］ Fong, S.C. *The PAP Story: The Pioneering Years, November 1954 — April 1968*. Singapore: Times Periodicals, 1979.

［48］ Frank, A.G. *Capitalism and Underdevelopment in Latin America*. New York: Monthly Press Review, 1967.

［49］ ——."Global Crisis and Transformation". *Development and Change* 14 (1984): 323-46.

［50］ Fransman, M. *Technology and Economic Development*. Brighton, Sussex: Wheatsheaf, 1986.

［51］ Friedman, T. *The World is Flat*. New York: Farrar, Straus and Giroux, 2005.

［52］ Fuess, H., ed. *The Japanese Empire in East Asia and Its Postwar Legacy*. Munich: Ludicium, 1988.

[53] Gereffi, G. and D.L. Wyman, eds. *Manufacturing Miracles: Paths of Industrializa-tion in Latin America and East Asia*. Princeton, NJ: Princeton University Press, 1990.

[54] Gibney, F. *The Pacific Century*. New York: Scribner, 1992.

[55] Glaeser, E. *The Triumph of the City: How Our Greatest Invention Makes Us Richer, Smarter, Greener, Healthier and Happier*. New York: Macmillan, 2011.

[56] Goh C.B. "Science and Technology in Singapore: The Mindset of the Engineering Undergraduate". *Asia Pacific Journal of Education* 18, no. 1 (1998) 7-24.

[57] ——. *Technology and Entrepot Colonialism in Singapore, 1819—1940* (Singapore: Institute of Southeast Asian Studies, 2013).

[58] Goh, C.T. *Nation of Excellence*. Singapore: Information Division, Ministry of Communications & Information, 1987.

[59] Goh. K.S. *The Economics of Modernization*. Singapore: Asia Pacific Press, 1972.

[60] Greenberg, D.S. *The Politics of Science*. New York: New American Library, 1967.

[61] ——. "The Mythical Scientist Shortage". *Scientist* 17, no. 6 (2003).

[62] Haden, C.R. and J.R. Brink, eds. *Innovative Models for University Research*. Amsterdam: North-Holland, 1992.

[63] Hafiz, M. *Multinationals and the Growth of the Singapore Economy*. London: Croom Helm, 1986.

[64] Haggard, S., D. Kang and C.-I. Moon. "Japanese Colonialism and Korean Development: A Critique". *World Development* 25, no. 6 (1997): 867-81.

[65] Hakam, A.H. "Deliberate Restructuring in the Newly Industrializing Countries of Asia — The Case of Singapore". In *East Asia*, vol. 3. Frankfurt: Campus, 1985.

[66] Hakam, A.N. and Z.-Y. Chang. "Patterns of Technology Transfer in Singapore: The Case of the Electronics and Computer Industry". *International Journal of Technology Management* 13, nos. 1-2 (1988).

[67] Hamlin, K. "Remaking Singapore". *Institutional Investor*, 7 June 2002.

[68] Hampden-Turner, C. and A. Trompenaars. *The Seven Cultures of Capitalism*. New York: Doubleday, 1993.

[69] Hang, C.C. "NUS-Industry R&D Collaboration: An Overview". *Proceedings of Seminar on NUS-Industry R&D Collaborations: Potential, Resources and Benefits*. National University of Singapore, 1993.

[70] Hayashi, T., ed. *The Japanese Experience in Technology: From Transfer to Self-Reliance*. Tokyo: United Nations University Press, 1990.

[71] Heitger, B. "Comparative Economic Growth: Catching Up in East Asia". *ASEAN Economic Bulletin* 10, no. 1 (1993): 68-74.

［72］ Herbig, P.A. and F. Palumbo. "The Effect of Culture on the Adoption Process". *Technological Forecasting and Social Change* 46 (1994): 71-101.

［73］ Hill, H. and Pang E.F. "Technology Exports from a Small, Very Open NIC: The Case of Singapore". Working Papers in Trade and Development. Australian National University, August 1989.

［74］ Hill, S. "Creativity and Capture: The Social Architecture of Technological Innovation in Australia". *The Verbatim Report: Contemporary Australian Speeches on Vital Issue* 1, no. 5 (1992): 161-69.

［75］ Hilpert, U., ed. *State Policies and Techno-Industrial Innovation*. London: Routledge, 1991.

［76］ Hing, A.Y. "Automation and New Work Patterns: Cases from Singapore's Electronics Industry Work". *Employment & Society*, vol. 9 (June 1995): 309-27.

［77］ Hirano, Y. "Public and Private Support of Basic Research in Japan". *Science*, 23 October 1992, pp. 582-83.

［78］ Hirsch, F. *Social Limits to Growth*. Cambridge, MA: Harvard University Press, 1976.

［79］ Hobday, M. "Technological Learning in Singapore: A Test Case of Leapfrogging". *Journal of Development Studies* 30, no. 30 (1994): 831-58,

［80］ Hofheinz, R. and K. Calder. *The Eastasia Edge*. New York: Basic Books, 1982.

［81］ Hofstede, G. *Culture's Consequences: International Differences in Work-Related Values*. Beverly Hills: Sage, 1980.

［82］ ——. *Cultures and Organizations: Software of the Mind*. New York: McGraw Hill, 1991.

［83］ Hong, E. *The Birth of Korean Cool: How One Nation is Conquering the World through Pop Culture*. New York: Picador, 2014.

［84］ Inkeles, A. *What Is Sociology?* Englewood Cliffs, NJ: Prentice-Hall, 1964.

［85］ Inkster, I. *Science and Technology in History: An Approach to Industrial Development*. New Brunswick, NJ: Rutgers University Press, 1991.

［86］ Ishihara, S. *The Japan That Can Say No*. Translated by Frank Baldwin. Simon and Schuster, 1991.

［87］ Jacobs, J. *The Economy of Cities*. New York: Random House, 1969.

［88］ Jeffs, A. "Genius at Work", *Asia Magazine*, 1-2 July 1994.

［89］ Johnson, C. "Political Institutions and Economic Performance: The Government-Business Relationship in Japan, South Korea and Taiwan". In *Asian Economic Development: Present and Future*, by R.A. Scalapino et al. Berkeley: Institute of East Asian Studies, 1985.

［90］ Kennedy, P. *The Rise and Fall of British Naval Mastery*. London: Fontana, 1991.

［91］ ——. *Engineers of Victory: The Problem Solvers Who Turned the Tide in the Second World War*. New York: Random House, 2013.

［92］ Kim, D.J. "Is Culture Destiny? The Myth of Asia's Anti-Democratic Values". *Foreign Affairs* 73, no. 6 (1994): 189-94.

[93] Kim, L. *Imitation to Innovation: The Dynamics of Korea's Technological Learning* (Boston: Harvard Business School Press, 1997).

[94] ——. "Crisis Construction and Organizational Learning: Capability Building in Catching-Up at Hyundai Motor". *Organization Science* 9, no. 4 (1998).

[95] Kim, M.O. and S. Jaffe. *The New Korea: An Inside Look at South Korea's Economic Rise*. New York: Amacom, 2010.

[96] Kinmonth, E.H. "Japanese Engineers and American Myth Makers". *Pacific Affairs* 64, no. 3 (1991): 328-50.

[97] Koh, W.T.H. and Wong P.K. *The Venture Capital Industry in Singapore: A Comparative Study with Taiwan and Israel on the Government's Role*. Working Paper. NUS Entrepreneurship Centre, May 2005.

[98] ——. "Competing at the Frontier: The Changing Role of Technology Policy in Singapore's Economic Strategy". *Technological Forecasting and Social Change* 72, no. 3 (2005): 255-85.

[99] Kohli, A. *State-Directed Development: Political Power and Industrialization in the Global Periphery*. Cambridge: Cambridge University Press, 2004.

[100] Kosaka, M., ed. *Japan's Choices: New Globalism and Cultural Orientations in an Industrial State*. London: Pinter, 1989.

[101] Krause, L.B., Koh A.T and Lee. T.Y. *The Singapore Economy Reconsidered*. Singapore: Institute of Southeast Asian Studies, 1987.

[102] Krugman, P. "The Myth of Asia's Miracle". *Foreign Affairs* 73, no. 6 (1994).

[103] Kunio, Y. *The Rise of Ersatz Capitalism in South-East Asia*. Singapore: Oxford University Press, 1988.

[104] Kwa C.G. *Locating Singapore on the Maritime Silk Road: Evidence from Maritime Archaeology, Ninth to early Nineteenth Centuries*. Singapore: Institute of Southeast Asian Studies, 2012.

[105] Lee S.K., C.B. Goh, B. Fredriksen and J.P. Tan, eds. *Toward a Better Future: Education and Training for Economic Development in Singapore since 1965*. Washington, DC: World Bank, 2008.

[106] Lee T.Y. and Linda Low. *Local Entrepreneurship in Singapore, Private and State*. Singapore: Times Academic Press/Institute of Policy Studies, 1990.

[107] Lee, K.Y. *From Third World to First: The Singapore Story 1965—2000*. Singapore: Straits Times Press, 2000.

[108] Lee, S.A. *Industrialization in Singapore*. Camberwell, Australia: Longman, 1973.

[109] Leong, C.H. and D. Soon. *A Study of Emigration Attitudes of Young Singaporeans*, Working Papers no. 19. Institute of Policy Studies, March 2011.

[110] Lim C.Y. and P.J. Lloyd., eds. *Singapore Resources and Growth*. Singapore: Oxford University

Press, 1986.

[111] Lim, J.J. "Bold Internal Decisions, Emphatic External Outlook". *Southeast Asian Affairs 1980*, edited by Leo Suryadinata. Singapore: Institute of Southeast Asian Studies, 1980.

[112] Lim, L.Y.C. "Multinational Firms and Manufacturing for Export in Less Developed Countries: The Case of Malaysia and Singapore". PhD dissertation, University of Michigan, 1978.

[113] Lindsey, C.W. "Transfer of Technology to the ASEAN Region by U.S. Transnational Corporations". *ASEAN Economic Bulletin* 3, no. 2 (1986).

[114] Loh, G., Goh C.B. and Tan T.L. *Building Bridges, Carving Niches*. Singapore: Oxford University Press, 2000.

[115] Mae, P.S.A. and H.W.C. Yeung. "A Place for R&D? The Singapore Science Park". *Urban Studies* 40, no. 4 (2003): 707-32.

[116] Mahbubani, K. *Can Asians Think*. Singapore: Marshall Cavendish, 2009.

[117] Massey, D. *High-tech Fantasies: Science Parks in Society, Science, and Space*. London: Routledge, 1992.

[118] McGinn, R.E. *Science, Technology and Society*. Englewood Cliffs: Prentice Hall, 1991.

[119] McKinsey & Company, ed. *Reimagining Japan: The Quest for a Future that Works*. San Francisco: VIZ Media, 2011.

[120] Ministry of Trade and Industry. *Strategic Economic Plan*. Singapore: Ministry of Trade and Industry, 1991.

[121] Mokyr, J. *The Lever of Riches: Technological Creativity and Economic Progress*. Oxford: Oxford University Press, 1990.

[122] Mooney, C. and S. Kirshenbaum. *Unscientific America: How Scientific Illiteracy Threatens Our Future*. New York, Basic Books, 2009.

[123] Morishima, M. *Why has Japan succeeded? Western Technology and the Japanese Ethos*. London: Cambridge University Press, 1982.

[124] Morita, A. *Made in Japan: Akio Morita and Sony*. London: Collins, 1987.

[125] Moritani, M. *Japanese Technology and its Transfer to Singapore*. Working Paper. Policy and Management Research Department, Nomura Research Institute, August 1982.

[126] Myers, R.H. and M.R. Peattie, eds. *The Japanese Colonial Empire*. Princeton, NJ: Princeton University Press, 1984.

[127] Nakata, C. and L. Sivakumar. "National Culture and New Product Development: An Integrative Review". *Journal of Marketing* 60, no. 1 (1996): 61-72.

[128] *National Survey of R&D in Singapore 2002*. Singapore: Agency for Science, Technology and Research, December 2003.

［129］ *National Survey of R&D in Singapore 2012*. Singapore: Agency for Science, Technology and Research, December 2013.

［130］ Ng C.Y., R. Hirono and R.Y. Siy, Jr., eds. *Effective Mechanisms for the Enhancement of Technology and Skills in ASEAN: An Overview*. Singapore: Institute of Southeast Asian Studies, 1986.

［131］ Ozawa, T. "The (Japan-Born) 'Flying Geese' Theory of Economic Development Revisited — and Reformulated from a Structuralist Perspective. Columbia Business School Working Paper Series, no. 291. Columbia University in the City of New York, 2010.

［132］ Pang, E.F. *Foreign Investment and the State in a Newly-Industrializing Country: The Experience of Singapore*. East Asia, vol. 3. Frankfurt: Campus, 1985.

［133］ Petitjean, P., C. Jami and A.M. Moulin, eds. *Science and Empires: Historical Studies about Scientific Development and European* Expansion. Boston: Kluwer Academic, 1992.

［134］ Porter M. *Competitive Advantage of Nations*. New York: The Free Press, 1990.

［135］ Portnoff, A. *Pathways to Innovation*, translated by Ann Johnson. Paris: Futuribles Perspectives, 2003.

［136］ Priestland, D. *Merchant, Soldier, Sage: A New History of Power*. London: Penguin Books, 2012.

［137］ Puthucheary, J.J. *Ownership and Control in the Malayan Economy*. Singapore: Eastern Universities Press, 1960; repr., Kuala Lumpur: University of Malaya Co-Operative Bookshop, 1979.

［138］ Quah, S.T., ed. *In Search of Singapore's National Values*. Singapore: Times Academic Press, 1990.

［139］ Regnier, P. *Singapore: City-State in South-East Asia,* translated by Christopher Hurst. Honolulu: University of Hawai'i Press, 1987.

［140］ Reich, R. *The Work of Nations*. New York: Vintage Books, 1992.

［141］ ——. *The Future of Success*. New York: Knoff, 2001.

［142］ Rodan, G., ed. *Singapore Changes Guard: Social, Political and Economic Directions in the 1990s*. New York: St Martin's Press, 1993.

［143］ ——. *The Political Economy of Singapore's Industrialization*. Kuala Lumpur: Forum Press, 1991.

［144］ Romjin, H.A. and M.C.J. Caniëls. "Pathways of Technological Change in Developing Countries: Review and New Agenda". *Development Policy Review* 29, no. 3 (2011): 359-80.

［145］ Rosenberg, N. *Perspective on Technology*. Cambridge: Cambridge University Press, 1976.

［146］ Sachs, J.D. "Government, Geography, and Growth: The True Drivers of Economic Development". *Foreign Affairs* 92, no. 5 (2012).

［147］ Sahal, D., ed. *The Transfer and Utilization of Technical* Knowledge. Lexington, MA: Lexington Books, 1980.

［148］ Sakaiya, T. *What Is Japan? Contradictions and Transformations*, translated by Steven Karpa. Tokyo: Kodansha International, 1993.

［149］ Salto-Tellez, M., V.M.S. Oh and E.H. Lee. "How do we Encourage Clinician Scientists in Singapore?

Academic Medicine in Singapore 26, no. 11 (2007).

[150] Saxenian, A.L. *Regional Advantage: Culture and Competition in Silicon Valley and Route 128*. Cambridge, MA: Harvard University Press, 1996.

[151] Scalapino, R., S. Sato and J. Wanandi, eds. *Asian Economic Development: Present and Future*. Berkeley: Institute of East Asian Studies, 1985.

[152] Schmidt. E. and J. Cohen. *The New Digital Age: Reshaping the Future of People, Nations and Business*. London: Murray, 2013.

[153] Schnaars, S.P. *Managing Imitation Strategies: How Later Entrants Seize Markets from Pioneers*. New York: The Free Press, 1994.

[154] Schumpeter, J.A. *Capitalism, Socialism, and Democracy*, 6th ed. London: Routledge, 2010.

[155] Shimizu, T. "Technology Transfer and Dynamism in Technology Education in Japan". In *Technology Culture and Development*, edited by Ungku A. Aziz. International Symposium at the University of Malaya, December 1983.

[156] Suzuki, T.-M. *The Technological Transformation of Japan from the Seventeenth to the Twenty-first Century*. Cambridge: Cambridge University Press, 1994.

[157] Tai, H.-C. *Confucianism and Economic Development: An Oriental Alternative?* Washington, DC: The Washington Institute Press, 1989.

[158] Tambyah, S.K. and Tan S.J. *Happiness and Wellbeing: The Singaporean Experience*. Abingdon: Routledge, 2013.

[159] Tan. G.Y.H. "Technological Change and Development: A History of the Port of Singapore Authority from 1964—1990". Honours thesis, Nanyang Technological University, 1966.

[160] Tassey, G. *Technology Infrastructure Technological Infrastructure Policy: An International Perspective*. Dordrecht: Kluwer Academic, 1996.

[161] Tatsuno, S. *Created in Japan: From Imitators to World-Class innovators*. New York: Harper & Row, 1990.

[162] Tessitore, J. and S. Woolfson, eds. *The Asian Development Model and the Carribean Basin Model Institute*. New York: Council on Religious and International Affairs, 1985.

[163] Thurow, L.C. *Head to Head: The Coming Economic Battle among Japan, Europe, and America*. New York: Morrow, 1992.

[164] Ting, W.L. *Business and Technological Dynamics in Newly Industrializing Asia*. Westport: Quorum Books, 1985.

[165] Turnbull, M. *History of Singapore, 1819—1988*. Singapore: Oxford University Press, 1989.

[166] Vogel, E. *The Four Little Dragons: The Spread of Industrialisation in East* Asia. Cambridge: Harvard University Press, 1991.

[167] Wang, C.K. and P.K. Wong. "Entrepreneurial Interest of University Students in Singapore". *Technovation*, vol. 24 (February 2004): 163-72.

[168] Walsh, V. *Technology and the Economy: The Key Relationships*. Parish: OECD, 1992.

[169] Westphal, L., E. Kim and C. Dahlman. *Reflections on Korea's Acquisition of Technological Capability,* DRD Discussion Paper 77. Washington, DC: World Bank, 1984.

[170] Williamson, J. and C. Milner. *The World Economy: A Textbook in International* Economics. New York: New York University Press, 1991.

[171] Wong, Poh Kam. *National Innovation Systems for Rapid Technological Catch-Up: An Analytical Framework and a Comparative Analysis of Korea, Taiwan and Singapore*. Paper presented at the DRUID Summer Conference on National Innovation Systems, Industrial Dynamics and Innovation Policy, Rebild, Denmark, 9-12 June 1999.

[172] ——. "Commercialising Biomedical Science in a Rapidly Changing "Triple Helix" Nexus: The Experience of the National University of Singapore". *Journal of Technology Transfer* 32, no. 4 (2007): 367-95.

[173] You, Poh Seng and Lim C.Y., eds. *The Singapore Economy*. Singapore: Eastern University Press, 1971.

[174] Young, A. "A Tale of Two Cities: Factor Accumulation and Technical Change in Hong Kong and Singapore". In *NBER Macroeconomics Annual 1992*. Massachusetts Institute of Technology Press, 1992.

[175] Yusuf, S. and K. Nabeshima. *Postindustrial East Asian Cities: Innovation for Growth*. Washington, DC: World Bank, 2006.

[176] Zakaria, F. "Culture is Destiny: A Conversation with Lee Kuan Yew". *Foreign Affairs* 73, no. 2 (1994): 109-26.

[177] Ziman, J. *Prometheus Bound: Science in a Dynamic Steady State*. Cambridge: Cambridge University Press, 1994.

官方报告

[1] Colony of Singapore. Annual Report. 1965.

[2] ——. The United Nations Report on Singapore. 1961.

[3] Department of Statistics. Yearbook of Statistics. 1986 and 1989. Economic Development Board. Annual Report. 1972 and 1980. Gilmour, A. Official Letters, 1931—1956, Mss. Ind. Ocn. s. 154. Government Printing Office. Singapore Year Book 1969.

[4] Parliament of Singapore, Official Reports - Parliamentary Debates, various years. Singapore. Census of Industrial Production, 1959 to 1969.

索　引